Make: PROJECTS

Prototyping Lab

第2版 | Arduino的運用實例

U0042258

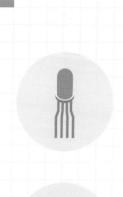

Make: PROJECTS

Prototyping Lab

第2版 | 「邊做邊學」，Arduino的運用實例　小林 茂 著　許郁文 譯

A COOKBOOK
TO LEARN WAYS OF
TINKERING WITH
PROGRAMMING &
ELECTRONICS

"Build to Think" with Arduino

令人期待已久的 Arduino實踐指南 最新第2版！

Make:

>> 35個立刻能派上用場的「線路圖＋範例程式」，以及介紹了電子電路與Arduino的基礎

>> 第2版追加了透過Bluetooth LE進行無線傳輸以及與網路服務互動的章節，也新增了以Arduino與Raspberry Pi打造自律型二輪機器人的範例；最後還介紹許多以Arduino為雛型、打造各種原型的產品範例。

馥林文化　www.fullon.com.tw　f《馥林文化讀書俱樂部》

定價：680元

CONTENTS

HOME HACKS
居家大改造

封面故事:
傑‧夏弗的Four Lights微型房屋公司的小型住宅之一,邀請您舒適入住。
攝影:赫普‧斯瓦迪雅

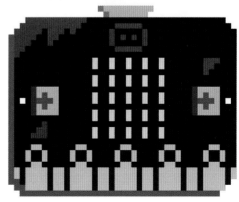

Paul Bartlett, Blank William, Lee Camara, Goli Mohammadi, Hep Svadja, Rob Nance

國家圖書館出版品預行編目資料

Make：國際中文版／MAKER MEDIA 作；Madison 等譯
-- 初版 . -- 臺北市：泰電電業，2018.3　冊；公分
ISBN：978-986-405-053-6　（第 34 冊：平裝）
1. 生活科技
400　　　　　　　　　　　　　　　　　107002234

EXECUTIVE CHAIRMAN & CEO
Dale Dougherty
dale@makermedia.com

*

CFO & PUBLISHER
Todd Sotkiewicz
todd@makermedia.com

VICE PRESIDENT
Sherry Huss
sherry@makermedia.com

EDITORIAL

EXECUTIVE EDITOR
Mike Senese
mike@makermedia.com

SENIOR EDITOR
Caleb Kraft
caleb@makermedia.com

EDITOR
Laurie Barton

MANAGING EDITOR, DIGITAL
Sophia Smith

PRODUCTION MANAGER
Craig Couden

EDITORIAL INTERN
Jordan Ramée

CONTRIBUTING EDITORS
William Gurstelle
Charles Platt
Matt Stultz

DESIGN, PHOTOGRAPHY & VIDEO

ART DIRECTOR
Juliann Brown

PHOTO EDITOR
Hep Svadja

SENIOR VIDEO PRODUCER
Tyler Winegarner

LAB INTERN
Luke Artzt

MAKEZINE.COM

DIRECTOR, PRODUCT & ENGINEERING
Jared Smith

TECHNICAL PROJECT MANAGER
Jazmine Livingston

WEB/PRODUCT DEVELOPMENT
David Beauchamp
Bill Olson
Sarah Struck
Alicia Williams

國際中文版譯者

Madison：2010年開始兼職筆譯生涯，專長領域是自然、科普與行銷。

七尺布：政大英語系畢，現為文字與表演工作者。熱愛日式料理與科幻片。

呂紹柔：國立臺灣師範大學英語所，自由譯者，愛貓，愛游泳，愛臺灣師大棒球隊，愛四處走跳玩耍曬太陽。

花神：從事科技與科普教育翻譯，喜歡咖啡和甜食，現為《MAKE》網站與雜誌譯者。

張婉秦：蘇格蘭史崔克大學國際行銷碩士，輔大影像傳播系學士，一直在媒體與行銷界打滾，喜歡學語言，對新奇的東西毫無抵抗能力。

敦敦：兼職中英日譯者，有口譯經驗，喜歡不同語言間的文字轉換過程。

屠建明：目前為全職譯者。身為愛丁堡大學的文學畢業生，深陷小說、戲劇的世界，但也普主修電機，對任何科技新知都有濃烈的興趣。

葉家豪：國立清華大學計量財務金融學系畢。在瞬息萬變的金融業界翻滾的同時，更享受語言、音樂產業的人文薰陶。

謝明珊：臺灣大學政治系國際關係組碩士。專職翻譯雜誌、電影、電視，並樂在其中，深信人就是要做自己喜歡的事。

Make：國際中文版34

（Make：Volume 59）

編者：MAKER MEDIA
總編輯：顏妤安
主編：井楷涵
執行主編：鄭宇晴
網站編輯：潘榮美
版面構成：陳佩娟
部門經理：李幸秋
行銷主任：莊澄蓁
行銷企劃：李思萱、鄧語薇、宋怡箴
業務副理：郭雅慧
出版：泰電電業股份有限公司
地址：臺北市中正區博愛路76號8樓
電話：（02）2381-1180
傳真：（02）2314-3621
劃撥帳號：1942-3543 泰電電業股份有限公司
網站：http://www.makezine.com.tw
總經銷：時報文化出版企業股份有限公司
電話：（02）2306-6842
地址：桃園縣龜山鄉萬壽路2段351號
印刷：時報文化出版企業股份有限公司
ISBN：978-986-405-053-6
2018年3月初版　　定價260元

版權所有・翻印必究（Printed in Taiwan）
◎本書如有缺頁、破損、裝訂錯誤，請寄回本公司更換

Vol.35
2018/5
預定發行

www.makezine.com.tw 更新中！

下列網址提供本書之注釋、勘誤表與訂正等資訊。makezine.com.tw/magazine-collate.html

未來住家
Future of Home

文：麥克‧西尼斯（《MAKE》雜誌主編）　譯：花神

Hep Svadja

Maker總是充滿巧思，不斷想要嘗試超出想像的新專題。他們的特質往往會融入他們的住家之中，將住所改造成Makerspace、採用並改造能互相連線的裝置，甚至是重新規劃住家的設計與使用方式。Maker的天性就是會去重新檢視並改造這個世界的各個面向，其中當然也包括了自己居住的地方，這就是這一期《MAKE》想要探討的主題。

在許多地方都可以看到Maker改造住家的成果，而Maker Faire Rome可能是我看過內容最多樣的展覽了！除了Arduino房間與3D列印客廳外，Maker Faire Rome也展出了許多Maker打造的家具、開源廚房、物聯裝置和藝術品等，顯示出當地人以住家做為展場的各種獨特奇招，充分展現、學習、並發揮了創意。但不只羅馬如此，這也是世界潮流！

至於專題的部分，我認為家裡的公用區域都很適合打造專題。這裡有一個小建議：家庭工作室最好在主要樓層，而非設於車庫、地下室或是棚屋中，這樣一來，在製作專題時可以將全家人聚集在一起。我的兒子和他的表兄弟姐妹總是在我家充滿電子元件的工作區附近活動，我和我的太太可以輕易地加入他們。不但有趣，也可以互相激盪出新的靈感。

透過OpenSprinkler等相關產品，Maker同時也做為現已商業化的「智慧家庭」先鋒。我非常喜歡可以控制居家裝置的感覺。家裡的電燈會在我晚上走進家門時自動打開，是一件十分令人滿足的事情。我曾經在地球的另一端，透過App打開家裡草坪的灑水器。有了語音數位助理後，我的家庭好像多了一位成員。這些產品確實帶來了很多好處，但也帶來了一些問題。沒有事先通知的韌體更新，讓我們曾經處在一片漆黑之中。我們也曾經因為遙控器、電視和燈光之間的連線問題，錯過了《冰與火之歌：權力遊戲》的當季首播（血淚經驗！）。在試圖解決問題時，我不只一次想要大罵這些東西怎麼如此缺乏智慧。

這些概念都還在蹣跚學步的階段，但是Maker總是勇於嘗試、調整，透過聰明才智來解決問題。你可以在本期《MAKE》中看到許多Maker以不同方式推進智慧家庭概念，如果你也有好點子，歡迎跟我們分享，你的想法或許能影響整個產業的未來！◗

愛愛愛上莉莫
Lots of Love for Limor

譯：花神

推特網友熱烈討論著《MAKE》Vol. 57（國際中文版Vol.32）莉莫・弗里德的封面故事

烏姆博士 @docvoom — Follow
@make 你們的Lady Ada封面故事非常棒！像我女兒這樣的年輕Maker很需要一名精神導師！#MakeV57
5:48 PM - 3 May 2017

布魯斯・布弗德 @BruceBufford — Follow
@make @adafruit #MakeV57看見女性工程師能登上封面是一件令人高興的事！我看到馬上就買了！一定要得到親筆簽名！:)
5:48 PM - 3 May 2017

黛羅・里德 @Darrell_VA — Follow
在#MakeV57封面上看到 LadyAda，讓我對@make雜誌印象大大加分。該是續訂的時候了！#awesomeness #DIY #makers
5:51 PM - 3 May 2017

Eyes Wide Open @Scott206 — Follow
剛剛看完了封面人物是@adafruit Lady Ada的#Makev57。是我看過最棒的一期。推薦收藏。感謝你們
7:11 AM - 16 May 2017

A.T. Makers @at_makers — Follow
找到了！#makev57就在@BNBuzz的書架前排，感謝刊登@adafruit這位優秀的女性！

Found it!!
11:45 AM - 3 Jun 2017

卡蘿・威靈 @WillingCarol — Follow
@makev57的封面人物是史上最棒的工程師之一。創作中學習萬歲！
Make: @make
Announcing the next issue of Make, with our 2017 Boards Guide and a profile of @adafruit CEO Limor Fried. Subscribe: readerservices.makezine.com/mk/default.asp...
5:46 PM - 3 May 2017

傻 @Shablam6 — Follow
終於買到@makev57了，封面人物是@adafruit的Ladyada！（這也是我第一次購買《MAKE》雜誌）

安妮・瑞爾 @annereel — Follow
@make請問內容有@adafruit的#57什麼時候會上架呢？我一定要買到！
5:37 PM - 10 May 2017

龐姆斯・史蓉芬・鄉宰 @ifugnut — Follow
#makev57 Lady Ada太帥了..很棒的封面故事…《MAKE》雜誌做得好！
5:03 AM - 4 May 2017

傑夫 @JeffOnTheShelf — Follow
很開心看到Ladyada登上@make封面！我等不及要去買一本了。我超愛 @adafruit #makev57
6:50 PM - 3 May 2017

蘿絲米 @rosm — Follow
#makev57愛你唷！
8:58 PM - 20 May 2017

本月監獄違禁品
» 地點：美國賓夕法尼亞州犯罪矯正局
» 名稱：《MAKE》Vol.58（《MAKE》國際中文版Vol.33）
» 原因：出版物描述了製作摩斯密碼小盒的方法（見第62頁〈祕密通訊〉）

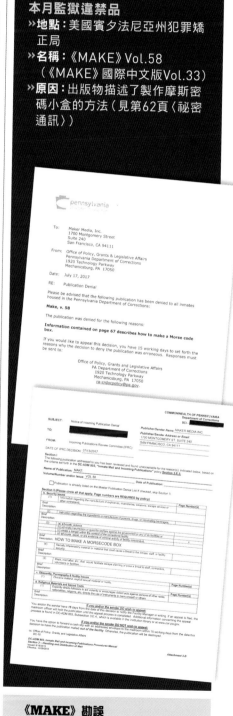

《MAKE》勘誤
在《MAKE》Vol.58（《MAKE》國際中文版Vol.33）中，我們將「漫遊的Tardis」專題製作者鮑伯・柏格（Bob Berger）的姓名拼錯了（第45頁），抱歉了鮑伯！

MADE
ON EARTH

綜合報導全球各地精采的DIY作品

跟我們分享你知道的精采的作品
editor@makezine.com.tw

譯：敦敦

犀際大戰

BLANKWILLIAM.COM

「『新秩序』專題是我在隨手塗鴉時想到的。」設計師**威廉·姜（William Kang）**表示。他從一隻犀牛開始，然後，由於他喜歡以三個作品做為系列創作，又添加了另外兩種厚皮動物：大象和河馬。當姜在流行、傢俱、家飾品與消費電子產品等各種領域都累積了許多作品後，他開始發想一套自己可以擁有全部所有權的作品，於是，他開啟了「白紙威廉」（Blank William）專題。此外，他也想藉此慶祝電影《STAR WARS：原力覺醒》的上映。

姜的工作流程並不固定。他先用素描和多種CAD軟體快速描繪雛形並不斷重複這些步驟，如此一來，他一方面可以讓部件接近完成，同時又可以隨時回頭調整細節。

為了做出實體的雕塑，姜和他的製造者朋友文斯·蘇（Vince Su）合作。他們先用3D列印做出矽利康模型，然後將加入耐火沙強化的陶瓷泥漿倒入已塑型好的蠟製原型。接著他們使用脫蠟法，並將金屬液體倒入模型。不鏽鋼頭盔表層會塗上汽車塗料，並用一個插著金屬桿的大理石塊做為支柱。每個頭盔需要幾個月的時間製作。

姜表示他的興趣很廣泛，包括科技、時尚、流行文化、政治和科學等任何能引起他注意的東西。他會從每個領域獲取靈感，因此他表示，整個創作過程中最難的部分就是鎖定一個概念執行，而與別人溝通和市場行銷也同樣困難。

——蘇菲亞·史密斯

Kuan Yu-Hui

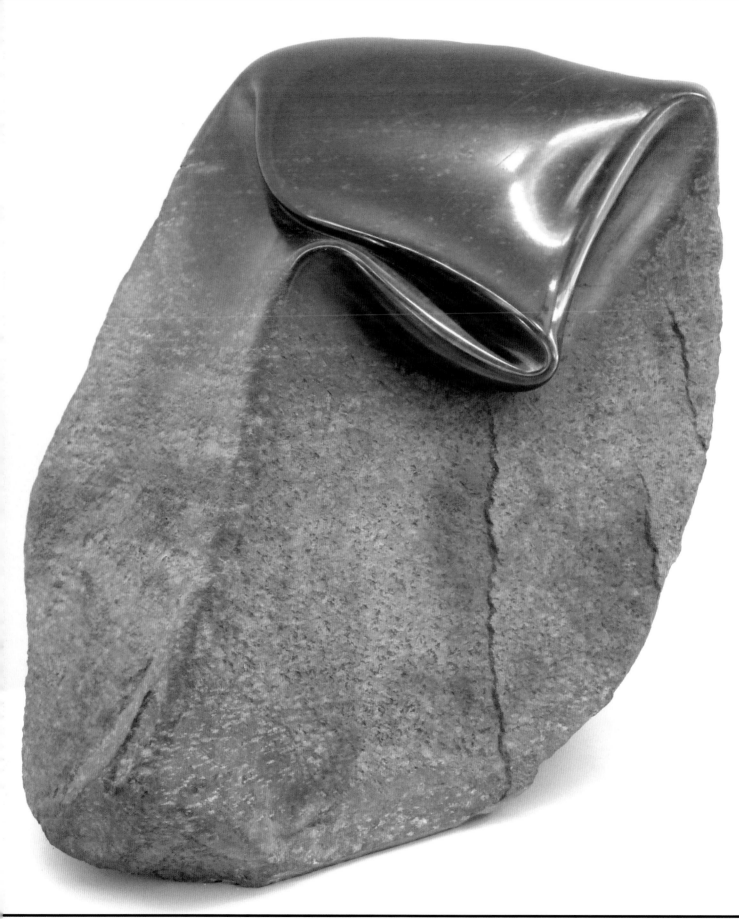

奇幻石雕

譯：編輯部

FACEBOOK.COM/PROFILE.
PHP?ID=100001801869745

荷賽・曼紐爾・卡斯楚・羅培茲
（José Manuel Castro López）完成了
這件看似不可能的任務：將石頭雕塑成軟
綿綿的模樣。他創作的石頭藝術品令人驚
奇，甚至找不出任何使用工具雕磨的痕
跡。

他的藝術品也有些令人不安。這些石頭
看起來像是經熔化成型，而羅培茲就只是
幸運地撿到了這些美麗的大自然創作物。
然而羅培茲指出，高溫其實會破壞大部分
石頭的內部結構。

「我的石頭作品並沒有經過任何物理或
化學上的變化過程，」羅培茲表示，「每一
件作品都會經歷多次地設計描摹與建模，
也就是說，它們都是純粹的雕刻品。」他繼
續說道，「作品的製作過程必須十分連貫。
但很多時候過程會停滯、會崩壞、會做不
出來、會必須修正。」

身為一名西班牙雕塑家，羅培茲指出，
他有許多作品的靈感都來自其加利西亞自
治區背景。「在加利西亞文化中，石頭一
直都是神話般的存在。我與石頭的關係並
不僅止於物質上，而同時也是具有魔力
的。我不只是以石頭做為我雕塑的媒材
——石頭和我有著更加緊密的關係。」

他的作品彷彿能引發幻覺般，在剛性與
柔性之間游移。有些石頭像是被剝去了外
層，有些則像是將石頭捏在一起、撕開、
或是輕輕地扭轉。

「我可以說，我和石頭彼此認識、彼此
了解。它服從了我的指示，並向我揭露自
身。在我的作品裡，並沒有可見的雕刻痕
跡。我並不是在雕刻我的石頭，而是我的
石頭會展現自我。」

羅培茲隨時都在創作新的作品。你可以
至他的臉書頁面欣賞其系列作品，並隨時
更新他的近況。

——喬登・拉米爾

José Manuel Castro López

詭異茶壺　譯：編輯部
SARAHDUYER.COM

莎拉・杜耶（Sarah Duyer）的茶壺與茶杯系列擁有昆蟲般的腳，樣子停格在爬行的過程中。這個系列的名字是「安／不安」（Comfort／Discomfort），將平時讓人感到溫馨舒適的物品加上足部，除了改變了它們的形狀外，也藉由這樣的改變引發觀者的情緒。

「陶器是我們日常生活中的一部分，而不同的樣貌可以引發人們不同的感受和回憶，包括祖母珍藏在碗櫃中、只有在重要場合才會拿出來使用的杯盤組，以及你每天早上一定會用到的咖啡杯等。在這個系列中，我希望可以探索安心與不安感之間的界線，將這些傳統上讓人感到安心的物件轉變成截然不同的樣子。」杜耶解釋。

將茶壺裝上腳的做法，也揭示出了一個讓藝術家苦思的技術問題。「我希望腳部能堅固到足以支撐身體的重量，但又能在視覺上展現出不穩定的脆弱感。」杜耶説。這樣的挑戰來自陶器本身：儘管陶土容易捏塑，在燒製完成後，還是會被其脆弱程度所限制。

「我在製作這個系列時，經歷了非常多次嘗試和錯誤，才了解要如何裝上腳部才不會讓作品因茶壺的重量而產生裂痕或碎裂。」杜耶説。她最後完成了一系列奇形怪狀、充滿個性、讓人感到些許不安的詭異茶壺。

——麗莎・馬汀

Sarah Duyer

超酷飛行器

譯：敦敦
YOUTUBE.COM/AJW61185

　　許多人對飛行都有著一股迷戀，有些人更是帶著這份迷戀走進工作室，打造屬於自己的飛行器。對**亞當‧伍沃斯（Adam Woodworth）**來說這還不夠——他的遙控模型作品賦予了奇特的飛機及太空船造型生命，像是真正的飛行玩具般。他的最新創作將一架經典樂高飛機放至10倍大，機翼從幾英寸放大至接近6英尺長。

　　這名來自舊金山灣區的硬體工程師從有記憶開始就對飛行很感興趣。「我父親於80年代非常熱衷於遙控飛機，所以我基本上是在飛行場長大的。」他說。伍沃斯從大學時代即開始鑽研航空

模型——他估計於過去25年已打造了幾百架飛行器。「有一段期間，我平均一個月打造一架飛機。」他解釋。

　　繼打造聲名大噪的《星際大戰》與《星際歪傳》無人機後，伍沃斯決定要將注意力轉移至他有興趣的特殊領域。「樂高是我的第二興趣，而我一直想做類似的跨界專題，」他說，「當我發現3D列印的巨大樂高人時，很明顯地，我得做一架能讓它坐進駕駛座的飛機。但由於在造型上很明顯地無法有效率地飛行，我必須在重量上讓它愈輕愈好，這十足是一項挑戰，我必須讓它輕到能產生可用的升力。」

　　完成後的作品重量小於4磅，雖然有著短小的機翼及無法遮掩的螺栓，但它的飛行過程相當順利。這件作品非常精確，就連樂高積木凸起部分的樂高商標，伍沃斯都用3D列印印出來。機身使用3mm的珍珠板，機翼則使用1"保麗龍隔熱板，皆以手工或CNC切割，花費了超過100小時製作。

　　這件作品造成了不小的轟動。伍沃斯說，「每個看到這架飛機飛行的人都開心地笑了，對我來說，分享創作與航空學的快樂，就是創作的重點。」

——麥克‧西尼斯

讓專業Cosplay玩家分享的訣竅、工具和點子，成為你起步的靈感

文：波妮．波頓　譯：七尺布

Clever Couture

巧手服裝秀

李．卡瑪拉

李・卡瑪拉

李・卡瑪拉

李・卡瑪拉

克羅埃・迪克斯塔

荷莉・康拉德

Cosplay（角色扮演）不再只是活動上擺擺姿勢給人拍照。Cosplay玩家（Cosplayer、coser）自製原創的服裝，讓粉絲與Maker們一同驚艷，這些服裝包括精緻的鎧甲、電影業界等級的義肢、特殊化妝、懾人的武器等等。我們請到最受歡迎的coser們，其中不乏世上最有才華的coser，和我們分享設計製作的過程、最開心的時刻、給想要變身的新手的建議。如果你覺得一年只有一次萬聖節不夠，那這項休閒活動應該滿適合你的。

李・卡瑪拉
Lee Camara
fevstudios.com

我的「扮裝」處女秀要追溯到1996年。當時我為了要扮《侍魂》裡的霸王丸，把幾件運動褲給肢解。後來我把服裝搞定了，在1998年參加了人生中第一次Cosplay大會。我從此就迷上參加大會，以參與藝術專區的形式參加。我開始加進一兩件道具當布景，只要行李箱塞得進服裝我也會順道展示Cosplay。2004年，我開始接案當coser。

你製作服裝時的固定流程是什麼呢？

我會先瀏覽美術設定和所有官方圖片做為參考。有時候我會在原本的設計中混進一些個人色彩。我使用Inkscape設計原始比例的正投影圖。如果需要立體雕塑，我會直接參考官方圖片。如果有特殊需求，就會再設計額外的草稿，例如

需要拆卸、安全考量、大會規定、重量限制等等因素。上廁所方不方便也是個常見的問題。因為我有雷射切割機，可以直接用向量檔切割零件。不過大部分都是徒手或利用機具

克羅埃・迪克斯塔

製作的。我最常用到的是刻磨機、手持線鋸機和手持砂帶機，細部則是用手刻、雕塑和銼刀。

至於更小的配件以及雕塑的作業，我偏好用軟陶土。它可以用烤麵包機烤、可以雕刻、鑽孔、加厚、重複烤好幾次，還可以打磨拋光。大部分物件

都是用樹脂製模。

在Cosplay的經驗中，你最開心的時刻是什麼呢？

認識有追蹤我頻道的人、做教學影片協助他們，是我最開心的時刻。看到自己的工作真

荷莉・康拉德

的對別人有幫助，一切就值得了。

想給有志成為Cosplay玩家的人什麼建議呢？

如果你從沒有自己做衣服的經驗，就先挑小一點、簡單一點的專題下手。網路上有超多資源。找找看你附近有沒有

Makerspace或服裝相關社團會聚在一起製作衣服。

克羅埃・迪克斯塔
Chloe Dykstra
chloedykstra.com

2010年，我有幾位朋友製作了一個網路短片系列，叫《There Will Be Brawl》（大吵大鬧），用暗黑的風格重新詮釋任天堂系列的設定故事。他們問我要不要演《薩爾達傳說：時之笛》（Zelda: Ocarina of Time）裡的瑪隆（Malon），可是把她的設定改成妓女。唯一正解當然是「好」啊。我用自己的衣櫃和二手商店裡搜刮來的物件，拼湊出一套瑪隆的裝扮。我就是從那時開始淪陷的。

你製作服裝時的固定流程是什麼呢？

我會先衡量自己的能力，選一套服裝，像科學怪人一樣把它拼湊起來。我會先規劃每個物件的處理方式，不管是材料還是步驟都一樣。不過也總是在錯誤中學習。

你都使用什麼技巧和工具呢？

我基本上滿低科技的。EVA（乙烯醋酸乙烯酯）是萬能的。

能舉出你至今最喜歡的作品嗎？

我曾經在一天內製作完一個機器人，放在改裝的自走車上。雖然不是很完美，但當時真的時間緊迫，而且我不久前才動完一場手術。

想給有志成為Cosplay玩家的人什麼建議呢？

請繼續失敗吧。擁抱失敗，

Henry Mei, Lee Camara, Holly Conrad, Paolo Cellammare, Greg de Stefano

娜塔莎
（賓笛・史莫斯）

提姆・溫恩

提姆・溫恩

提姆・溫恩

娜塔莎（賓笛・史莫斯）

提姆・溫恩

那就是過程中的樂趣之一！

荷莉・康拉德
Holly Conrad

hollyconrad.com

我最早開始對Cosplay感興趣應該是五歲的時候。當時我最喜歡的服裝是我自己捆在背上的綠色枕頭，這樣就會變成超級瑪利歐兄弟裡的烏龜庫巴（Koopa）。之後，我去參加文藝復興主題扮裝大會，扮成《龍與地下城》（Dungeons & Dragons）的魔裔（Tiefling）。後來就族繁不及備載了。

你製作服裝時的固定流程是什麼呢？

我很喜歡畫畫，所以我都走畫家路線。我喜歡自己構思，從有趣特殊的材料到家後院塵封已久的衣服都拿來用。把服裝搞得亂七八糟時我也很開心。

你都使用什麼技巧和工具呢？

我常常使用製模和灌模，要用一堆樹脂和布料。我製作過一堆《動物森友會》裡的服裝。我必須挑戰自己的極限，常常要在泡棉材料上縫製東西。我很執著於泡棉和黏土材料。我曾經學過如何做濕氈（wet felt），那超級令人興奮、又有趣。我也曾經學過用毛氈做自己的巫婆帽。

能舉出你至今最喜歡的作品嗎？

我真的投入感情的那些作品。我很喜歡扮施帕德艦長（Commander Shepard），她是個強悍的角色。喜歡的故事和角色就是驅使我從事

Cosplay的原因。

在Cospaly的經驗中，你最開心的時刻是什麼呢？

遇到那些喜愛我作品的人們。我曾經做過苦難女神（Lady of Pain）的服裝，那是我在《龍與地下城》世界觀中最喜歡的角色，結果當時遊戲製作者之一來我的部落格留言說，我做的服裝就是苦難女神應該要有的樣子。重點跟讚數無關，重點完全在於我們想動手做的理由背後的精神。

想給有志成為Cosplay玩家的人什麼建議呢？

對自己誠實，不用去管隨著群眾而來的那些戲碼。動手做就對了。只要你擁有熱情、動力、還有善良的心，人們就會看到你，被你的作品吸引。

娜塔莎・化名賓笛・史莫斯
Natasha aka Bindi Smalls

bindismalls.com

因為我以前習慣做超浮誇的萬聖節服裝，後來才演變成Cosplay。我的創作力一年只能發揮一次，總是很不滿足，所以Cosplay就成為我的解答。

你製作服裝時的固定流程是什麼呢？

我用3D模型設計、3D列印物件、縫紉、繪畫和手工皮革來搞定所有服裝。我最愛用3D模型設計和3D列印製作盔甲和道具。

在Cosplay的經驗中，你最開心的時刻是什麼呢？

可以和朋友一起cos同一款遊戲或故事中的角色，是我最開心的時候。和朋友一起

Bindi Smalls, Boston McConnaughey, Bryan Humphrey - Mad Scientist with a Camera, Marvin Reyes - CyberHead Designs, Adam Grumbo Films - facebook.com/grumbo

艾咪·
丹妮爾·
丹斯比

艾咪·
丹妮爾·
丹斯比

波妮·波頓 Bonnie Burton
是舊金山的作家、記者，撰寫流行文化、手工藝與各種冷門專業領域相關的文章。她的書籍著作包括《星際大戰手藝本（暫譯）》（The Star Wars Craft Book）、《女力手工藝（暫譯）》（Crafting With Feminism）等。她亦為CNET（美國科技媒體）撰寫文章，並主持《Geek DIY》網路頻道。

Cosplay是最棒的。

想給有志成為Cosplay玩家的人什麼建議呢？

慢慢來。壓死線也沒關係，但是要做到好。

提姆·溫恩
Tim Winn
facebook.com/
Timforthewinn

在我小時候，我媽做的服裝是一流的。那時我不知道有Cosplay這個東西。我從前兩年才開始以Cosplay為全職工作。

你製作服裝時的固定流程是什麼呢？

我可是以泡棉材料製作服裝聞名的。我會先做功課，用3D軟體設計出模板，再把它轉成2D圖案。接著把圖案轉印到泡棉上，將它們像拼圖一樣一塊塊拼起來。

在Cosplay的經驗中，你最開心的時刻是什麼呢？

幾年前，有人請我去陪一個重病的男孩扮《最後一戰》系列（Halo）。那不是什麼盛大的活動，就只是我扮成那系列裡的斯巴坦人（Spartan），認識很棒的一家人，和這家人一起玩我們都愛的遊戲而已。我們玩得很開心。幾週後，小男孩就過世了。這件事雖然令人難熬，但那是我的Cosplay生涯中最好的回憶之一。

接下來預計要做什麼作品呢？

我的工作是製作令人驚豔的服裝，就像在Youtube Freakinrad頻道、Twitch和各種廣告裡看到的那種。我正在籌備教學影片系列，教大家怎麼製作我們的作品、協助大家上手。

想給有志成為Cosplay玩家的人什麼建議呢？

只要持續嘗試，你一定會成功。

艾咪·丹妮爾·丹斯比
Amie Danielle Dansby
amiedd.com

第一個讓我開始迷上Cosplay的角色，是凡赫辛（Van Helsing）裡的安娜·薇洛莉（Anna Valerious）。我和每個Maker一樣，都是從厚紙板和泡棉這些入門毒品開始的。我從2012年開始，後來把別人拉進這個動手做的坑總是讓我很開心。

你製作服裝時的固定流程是什麼呢？

我本身是軟體發展工程師，所以無論在工作上或在Cosplay中都力行專案管理的原則。無論是寫程式衝刺（sprint）、個人行程還是Cosplay，我都用Trello程式來管理。我用四格漫畫的方式把Cosplay專題分類。分析出所有可能需用到的零件、記錄每種用過的材料、哪些能用、哪些不能用。

你都使用什麼技巧和工具呢？

我目前正在製作Rufio樂團的服裝，我用了雷射切割機裁切一些竹子和皮革材料。我利用了泡棉、Worbla熱塑板、木工工具、打鐵熔爐、3D列印、製模和人體製模（life casting）、縫紉、電子裝置、伺服馬達、還有樂高。每次服

艾咪·丹妮爾·
丹斯比

裝製作都讓我學會新的技巧。

能舉出你至今最喜歡的作品嗎？

我為《巫師3：狂獵》的希里（Ciri）製作的劍鞘是我的得意之作。它的骨架是燕麥包裝盒。想增添美觀不用花很多錢。另一個是《薩爾達傳說》中希爾達公主（Princess Hilda）的魔杖。我用Fusion 360設計零件，在兩天內把零件和電子裝置列印出來。這是我第一次用CAD軟體設計零件，在美術道具、電子元件和電路圖中使用。當我的專題需要空間時，我會用Fusion 360事先在成品中規劃一個夠大的方塊或空間，把所有電線和零件塞進去藏起來。

在Cosplay的經驗中，你最開心的時刻是什麼呢？

我母親因乳癌早逝。我的父親一直身兼母職。我們之前也有一起去Cosplay大會，但是去年他不但有去，還扮成超級瑪利歐，騎著充氣的恐龍耀西裝（Yoshi）。我爸總是很支持我。

想給有志成為Cosplay玩家的人什麼建議呢？

別害怕新的開始。我在過程中學會解決問題、嘗試新事物，而且在這場旅程中，還認識了一些世上最富有熱情的Maker。●

古代遺技
Heirloom Tech

穆克納斯的迷人數學和魔力

文：戈莉・莫哈瑪迪　譯：屠建明

穆克納斯（muqarnas）是什麼？為什麼如此充滿魔力呢？

穆克納斯是起源於10世紀中期伊朗和北非的建築裝飾風格，基本上就是伊斯蘭2D幾何圖樣的3D結構表現形式，也就是說，這些令人驚訝的複雜設計僅用簡單的圓規和直尺就可以畫出來。

穆克納斯主要用於垂直牆面和圓頂的視覺過渡部分，可見於圓頂、半圓頂、穹頂塔、壁龕、拱門和內角拱（填入方形房間的上方角落，使天花板呈圓頂狀），較著重在裝飾性而非結構性。

每個穆克納斯結構都有五種共通特質：

1. 可展開成2D幾何輪廓的3D造型（本身即以2D為基礎）
2. 多變的設計深度，完全由設計者決定
3. 同時具建築及裝飾特性
4. 本身不具邏輯或數學邊界，故可無限拓展
5. 由多層單體堆疊，每個單體具有直面和某種頂面

製作方法

穆克納斯主要有兩種型式：北非／中東式，具有並列的垂直三角切面；以及伊朗式，先建立水平層，再以幾何區段垂直連接。因為結構的風格和幾何特性充滿變化，所以很難轉換成一套簡單的教學方法，但伊斯蘭幾何學者艾瑞克・布拉格（Eric Broug）的影片「穆克納斯實務簡介」（Practical Introduction to Muqarnas）（makezine.com/go/muqarnas）精彩且具體地介紹了如何以發泡材料、圓規、直尺、鉛筆、X-Acto筆刀、黏膠和固定用大頭針來打造簡單的三層伊朗式穆克納斯模型。

自己做穆克納斯：

1. 用圓規和直尺畫出典型8芒星（圖 **A**）。每一層使用半顆星製作。
2. 星形中心的基座設計用於最低層（圖 **B**），星芒用於稍大一些的中層（圖 **C**），而頂層更大，包含連接外緣星芒產生的形狀（圖 **D**）。請用X-Acto筆刀將這三層割

戈莉・莫哈瑪迪
Goli Mohammadi
文字怪咖和登山上癮者，曾任《MAKE》資深編輯。

Goli Mohammadi, Sydney Palmer

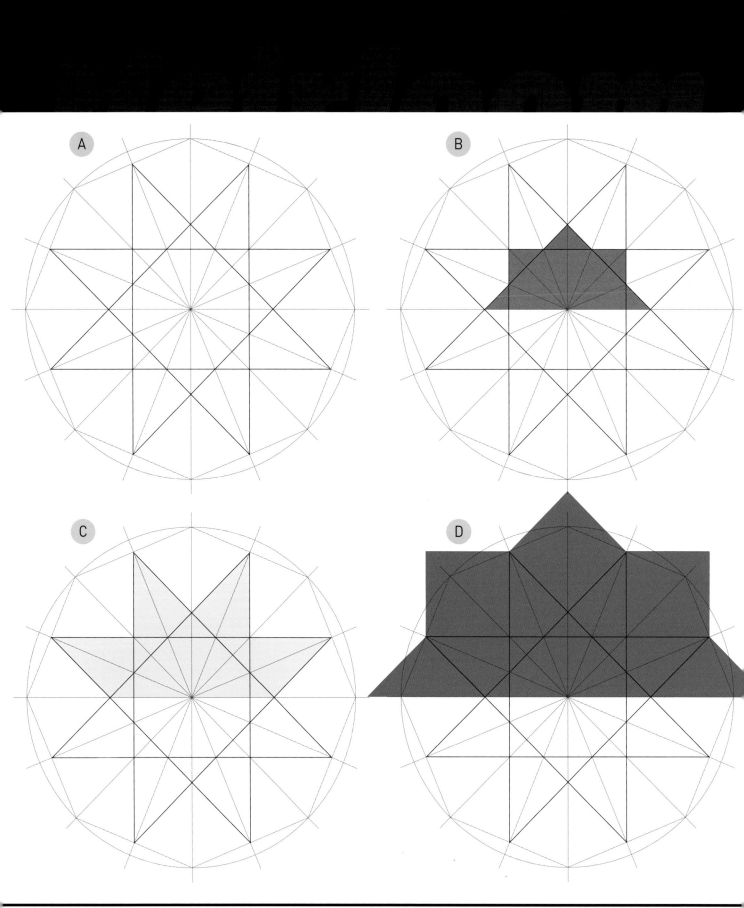

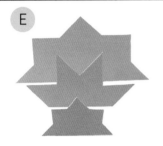

E

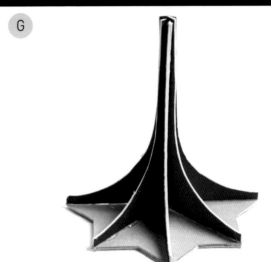

F

G

下（圖 **E** ）。

3. 接下來要設計並切割連接
各層的長、細紙板部件（圖
F），長度、曲線和幾何特性
都由設計者決定，在結構中
皆一致。

4. 將接合部件黏貼至每一層
（圖 **G** ），並依照星形切割、
折疊和黏著上色的紙板（圖
H ），使結構更穩固。接著
將三個層次垂直連接起來
（圖 **I** ）。

材質的無限可能

這種根據古典幾何的精細設
計美妙之處，在於能夠以各種
材質無限延伸。親身站在巨大
穆克納斯結構下的震撼，是照
片無法帶來的經驗。我有幸利
用探望伊朗家人的機會，拍了
許多穆克納斯的照片。每種材
質都會帶來不同效果。最超現
實的當屬鏡面穆克納斯了（圖
J ），很常見於清真寺和廟宇
中。雖然被鏡面圍繞，它們的
角度和大小並不會讓你看見映
像，只會看見反射的亮光。🔗

3D背後的2D
日本藝術學者高橋史朗精心記
錄了全球著著名的穆克納斯結
構地圖，並為其中1061個條
目製作了可立即取用的簡單
線條圖。歡迎至makezine.
com/go/shiro1000參考更
多相關資訊。

H

I

J

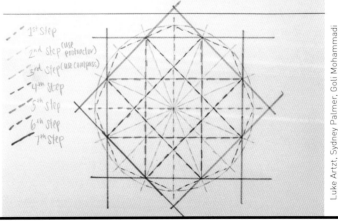

Luke Artzt, Sydney Palmer, Goli Mohammadi

未經琢磨的寶石 文：DC·丹尼森　譯：花神
Diamond in the Rough

Rebel Nell將街頭塗鴉改造成美麗首飾，也賦予了女性工作機會和經濟獨立的能力

愛美·彼德森（Amy Peterson）是Rebel Nell公司的共同創辦人，這間社會企業總部位於美國底特律，專門生產以街頭塗鴉加工而成的獨特戒指、項鍊及袖扣等首飾。透過首飾製作，Rebel Nell致力於提供女性工作和教育的機會並提升女性的權力。透過販售首飾所得的資金，他們也為地方庇護所的貧窮女性開設了理財相關課程並提供其他資源，讓她們有能力獨立生活。

你們如何創立Rebel Nell？

我搬來底特律是為了從事運動法律相關的工作（目前，我在美國大聯盟的底特律老虎隊任職），而在離我住處不遠的地方有一個庇護所，我時常與住在那裡的婦女聊天，她們的故事啟發了我，包括她們是誰，她們曾經歷過了什麼，她們想要如何改變生活，不只是自己的，還有她們家人的生活。我想要幫助她們。

我們將一般的創業思考流程顛倒過來。我們的目的是提供女性需要的教育與工作機會，接著我們需要開始尋找產品，藉由販售產品所得來提供課程與其他資源。

你們如何想到這項產品？

黛安娜·羅素（Diana Russell，共同創辦人）和我都熱愛底特律這個城市。我們希望推出和底特律有關的產品。有一天，我出門慢跑時，在地上看到一塊剝落的塗鴉，造型非常特別。我將那塊塗鴉帶回家，覺得這似乎可以拿來做成首飾。我和黛安娜大約花了四個月的時間設計產品原型。我在法學院讀書時有修習過相關課程，黛安娜則有修過銀飾設計課程。

可以解釋你們的製作過程嗎？

我們處理塗鴉和上色的方法是商業機密。每一件作品都是由多層次組成。我們會先上一層銀，然後上一層樹脂，除了保護外，也能帶出作品的光澤。接著，我們會在飾品背後蓋上商標，加上銀鍊就完成了。

你們希望招募什麼樣的員工？

我們尋求想要改變現狀的女性。她們願意學習嗎？和別人合作愉快嗎？我們會教導她們所需的任何知識。我們在設計首飾製作流程時，就希望製作流程能很輕易地教導給他人。同時，我們也希望我們的夥伴能貢獻創造力，並由此提升她們的能力。她們可以自己選擇有感覺的色彩或樣式。每一件創作都是獨一無二的，不只因為在世界上找不到第二件一樣的塗鴉作品，更因為這是一個人親手創作出來的作品。

目前你們有多少員工呢？

目前我們有六位員工：四位負責製作首飾，兩位負責行銷工作。Rebel Nell的資金完全來自銷售。要說服消費者前來購買我們的商品並不容易。我們希望每年的業績可以持續成長，這樣才能雇用更多女性。要做到這一點，我們需要想出一些獨特又創新的方法在基層社群網路上訴說我們的故事。社群媒體和線上廣告對觸及年輕群眾來說非常重要，要擄獲他們的心也非常重要！

你們花費了多少時間創立並讓Rebel Nell順利運作？

我們在2013年3月時有了這個想法，過了幾個月後，產品逐漸成形，9月的時候賣出了第一件作品，12月找到了實體空間運作。一開始只有我和黛安娜與我們的丈夫一起做首飾。過了大約一年，我們招募到了三位女性，那時她們的工時還不長，錢也不多。雖然如此，她們很喜歡這份工作，並與我們長期工作。幸運地，大概在六個月內，我們開始有能力增加她們的工時與薪水。現在，我們在全美國有35間店面，而且持續增加中。

創業本來就很困難了。創立一個有著社會使命的事業又是如何呢？

背後的社會使命更加重要。我們必須要尋找營運和使命之間的平衡點——對我們來說，就是尋找教育與生產的平衡點。很顯然地，如果我們沒有賣出首飾，那也無法幫助任何女性了。

有時候，我們會稍微偏重製造或教育一方，不同時節也可能有不同的營運占比。不過，我們會不斷回去確認我們創業的初衷。

身為一名律師，妳對於想要創立非營利組織的Maker有什麼建議？

這和他們的商業模式密切相關。

我們的公司屬於低營利有限公司（limited low-profit liability company，L3C），在美國約有幾十個州有這樣的制度。另外，我們在教育課程的部分則是以非營利的方式進行。

我會建議和可以提供意見的人談談，如一些小型企業的社群或組織，找到最適合的組織架構。另外，和律師或會計師聊聊也很重要。我總是告訴人們第一年會是很大的挑戰，但是如果最後可以為其他人帶來長期正面的影響，一切都很值得。

對於希望用自己的技術來創立社會企業的Maker，有沒有什麼建議？

首先，你必須要真的對企業的社會使命有熱情。這對企業營運方針有很大的影響。例如，我們了解我們的員工並不是訓練有素的工匠。雖然首飾很重要，但我們的初衷是要幫助需要的人可以經濟獨立，這與一般的企業經營非常不同。雖然如此，我還是很鼓勵大家創業，因為經營社會企業可以真正對人們的生活產生影響。不只能幫助一個人，也能幫助他們的家庭。◉

你可以至www.makezine.com.tw/make25991 31456/rebel-nell-transforms-chipped-graffiti-into-jewelry閱讀完整訪談內容。

DC・丹尼森
DC Denison
在《 Maker Pro Newsletter 》
電子報擔任編輯，撰寫有關
Maker 和產業的相關報導，同
時也是《 Acquia 》網站資深科
技編輯。

愛美・彼德森

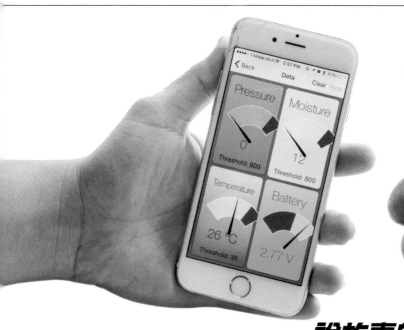

亞歷克斯・伍爾福（Alex Wulff）的 Maker Share 專題 CastMinder（石膏監控器），可以即時提供監控數據。

說故事的人
Story Tellers

文：馬修・道爾頓　譯：花神

歡迎加入Maker Share線上社群，分享你的專題，和大家一起解決問題！

每個專題背後都有故事，每個故事都反映出Maker自己的人生經驗、想像和性格，了解在專題背後推動的故事，得到的鼓勵和樂趣可能絲毫不亞於專題本身。

於是，《MAKE》雜誌與Intel合作，設立了Maker Share這個線上社群平臺，目的就是讓大家分享彼此的故事，你可以分享你的想法、成功的故事、失敗的經驗，當然，你也可以跟大家聊聊你從經驗中獲得的啟發。透過分享自己身為Maker的重要意義，或許你可以在Maker Share上面找到知音，進而找到下一個合作的對象呢，或許這個夥伴遠在地球的另一端也說不定。

Maker Share平臺是以show & tell的方式運作，跟Maker Faire的當初的口號：「世界上最棒的展演平臺」

（The Greatest Show（& Tell）on Earth）很類似，許多人來到Maker Faire，就是希望和大家分享自己的成果，Maker Share也是一樣，希望可以滿足大家分享的渴望，365天都不停歇。

Maker都熱愛挑戰和解決問題，為了解決問題，就會產生計劃，計劃會集結Maker社群的智慧，一起改善這個世界。

Maker Share的創立之初有兩個計劃，瑪莉亞計劃（Malia Project）是受一位家長之託，旨在幫助這位腦性麻痺的女孩瑪莉亞與其他人溝通；另外一個是Making@School（校園中動手做）計劃，學校中學生贏得獎金後，計劃就會以學生的名義捐助1000美元給該校的Makerspace。

這兩個計劃都即將告一段落，我們現在要鄭重和大家宣布我

們的新計劃，就是鼓勵與「家」相關的專題。許多Maker都把自己家當作大型專題實驗，希望可以改善世界上其他人的家居生活，在這一期的Make當中，就可以看到這些故事。如果你對新一期的計劃有興趣，歡迎前往 makershare.com/missions 網頁尋找更多細節！

不管你人在何方，在動手打造什麼專題，你一定也有你的故事。就在今天，來吧，在Maker Share和我們分享你的故事！ ◙

馬修・道爾頓 Matthew A. Dalton
從2006年首次參與Maker Faire開始，就在《MAKE》雜誌與Maker社群活動，這期間研究動手做教學的經驗，促使他取得西門菲莎大學（Simon Fraser University）藝術碩士學位。

說說你的故事

我們最喜歡的功能之一就是Maker Motto（Maker座右銘），這是一個「微故事」功能，可以客製化設計，讓大家用精簡的文字講述自己的故事，以下是一些例子：

» 值得動手做的事，做再多都不嫌多。
—路克・阿爾茲特

» israf etme, maker ol! – 不要浪費了，成為Maker吧！（土耳其語）
—卡辛・居爾

» 打造、改造、打磨，上網分享。
—艾利爾特・克爾克派翠克

» 失敗就是學習。
—弗萊迪・丹尼歐

» 自己DIY不代表自己單打獨鬥。
—爾登・伊南齊

» 我們沒有時間去急診室！
—派特・米勒

居家大改造

住家裡裡外外都是讓人表現自我的好場域，又有誰能比Maker更厲害呢？

插圖：馬修・彼林頓

HOME HACKS

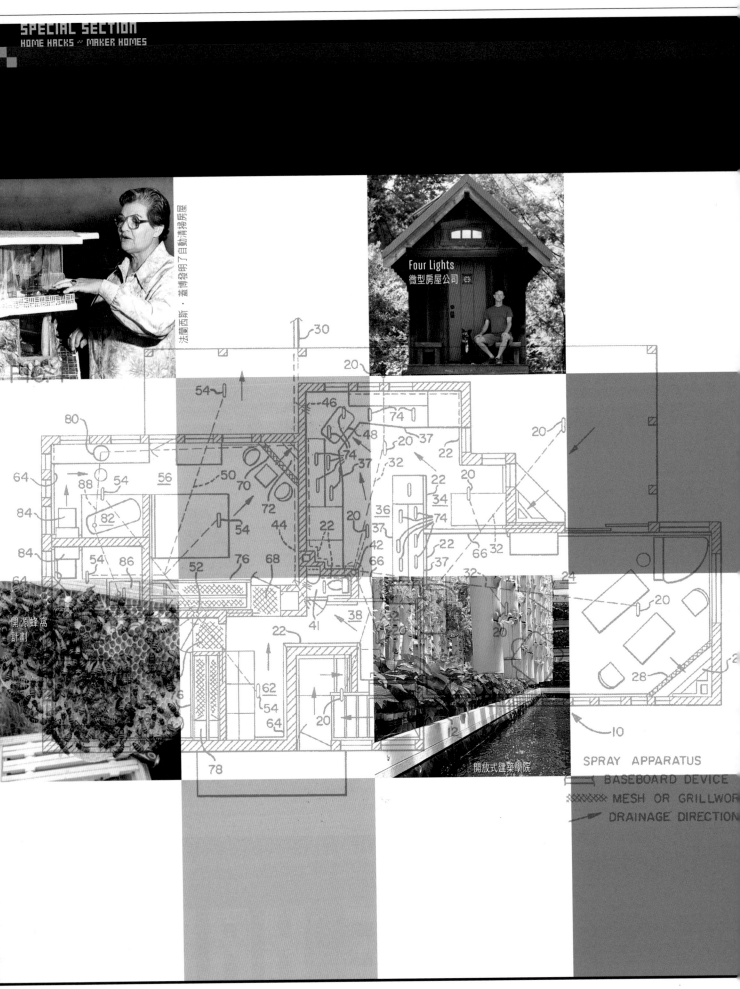

法蘭西斯·蓋博發明了自動清掃房屋

Four Lights
微型房屋公司

開源蜂窩
計劃

開放式建築學院

SPRAY APPARATUS

BASEBOARD DEVICE

MESH OR GRILLWOR

DRAINAGE DIRECTION

傑夫・迪布爾的廁所

改造居家生活
HOME-MAKING
AND HOUSELIVES

家是硬體之所在。

有人說家就是可以自動連上Wi-Fi的地方，但對於Maker的家來說，這只是基本中的基本。Maker的家中應該有一半以上的設備會出乎你意料，例如當你在自言自語時，家裡的燈泡可能就會開始答腔，也有可能會在早餐麥片裡發現一些小木屑，不過也就不用太計較了，是吧？（但碗裡出現紗線就

Aquapioneers

新創產品的異軍突起，顯示了我們如何重新定義居住空間

文：茱莉亞・史考特
譯：葉家豪

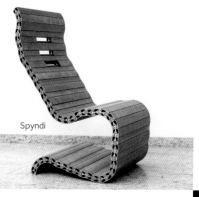
Spyndi

茱莉亞・史考特
Julia Skott
是一位記者、作家、podcast個人廣播經營者、陶藝家，也會編織，還在學習讓種的植物活久一點。她在推特中會使用瑞典文、英文及不好笑的雙關語，帳號是@juliaskott。

不是這麼一回事了──雖然剛好都是纖維──或電子製品也不行，亂搞也要有個限度吧！）

不管你的房子是大是小、智慧與否，我們都曾經幻想可以用噴水管把家裡從裡到外清洗一遍，或是擁有能精準控制的火焰。就如同最近逝世的發明家法蘭西斯・蓋博（Frances Gabe）於1984年取得

FIG. 26 FIG. 25

Art Krumsee, Spyndi, Hep Svadja, Caleb Kraft, Kelly Hofer

專利的自動清掃房屋，我們可能也能打造出自己的版本。蓋博發明的自動清掃房屋運作原理就像洗碗機，只差裡面沒有旋轉葉片了；它會灑水、洗清並吹乾屋子裡所有沒有事先覆蓋的物品，當然連真正的盤子也會一起洗。（顯然，洗過房屋室內的水也會往外流經狗屋，也許還可以將小狗一起洗乾淨）。但是直到那天到來之前：

重點是房屋內部構造

不管房子有多小或多聰明，你的房子都得有物品。是裝飾？儲藏空間？或座位？你可能仍然在空曠又無趣的房子裡，想著可以用手邊現有的東西為家裡做什麼改變（沒錯，我們都想要一組同時具有三溫暖、卡拉OK伴唱機、以及洗衣功能的摺疊床）。

Opendesk：這家位於倫敦、由企業轉型

的網路平臺聚集了設計師、專業人士、工藝愛好者以及任何想花錢買到品質優良、風格簡約的家具的人們。不論你身在何方，都能在Opendesk上找到設計聰明又簡單的桌子等，如果你不擅於自己組裝，Opendesk還能幫你找到離你家最近的製造商。在為你找到設計師和木工師傅之前都還不用支付太多費用；完成後，你就能獲得你理想的工作空間了。*opendesk.cc*

Spyndi：將人體脊椎、坦克車履帶以及組合玩具結合在一起，就是這家立陶宛家具公司的產品。Spyndi公司去年在群眾募資平臺發表了具高度設計感、有著多種摺疊方式的椅子，也成功獲得募資的目標金額，並承諾近期會出貨給贊助者。就像字面上形容的「彈性」，這張椅子針對木

製接合處設計，可以讓使用者任意組合延長，要多長都沒問題。這個設計對於沒有時間做木工的人來說很適合，讓你可以任意改變椅子的形狀，甚至創造其他功能，變身腳踏凳或是長椅。*spyndi.com*

Ply90：有時候組裝訂製家具並不是件簡單的事情。Ply90的拉絲鋁連結器讓你可以輕易地將任何部件或平板材料連結在一起，做出沙發、置物架、桌子以及更多東西。儘管Ply90的產品並不便宜，但它的品質以及組合多樣性讓你花的每一分錢都值得。*ply90.com*

Maker 的客廳：《MAKE》雜誌編輯卡里布‧卡夫特與家人一起想出一個特別的方式來改造客廳，也就是將客廳變成

1. Opendesk
2. Spyndi
3. Ply90
4. Maker 的客廳
5. 讓廁所發射升空
6. Four Lights 微型房屋公司

Makerspace。原本放電視的地方改成了工作檯、工具箱和洞洞板，並嵌入一臺平板電腦，在工作同時可以一邊參考教學影片。這個工作站從外表看來是一組咖啡桌，而內部則是由兩張工作桌拼接在一起，底下還有儲物空間，所以家裡每個人都有專屬的儲藏空間來放置一些需長時間製作的專題。另外還使用一組麵包店用的層架，用來放置笨重的工具和部件。

讓廁所發射升空：那麼屋子裡最重要的寶位要怎麼辦呢？

傑夫·迪布爾（Jeff de Boer）是加拿大卡加利市的火箭公司The Little Giant Rocket Company的老闆，他認為既然一般店裡的廁所都不是很乾淨，他決定也把自己公司的廁所故意改造成「不太

乾淨」的樣子，讓進來尋求私密時光的人得到意外的樂趣。

「我覺得既然我們是研究火箭的公司，廁所就應該像是太空中的藍領工人在使用的樣子。」他說。

開始著手進行這個專題時，公司正好遭遇工程進度緩慢、預算超支的時期，迪布爾也開始懷疑整個專題會不會是場錯誤。但他決定放手去做，然後如他所說，失敗也要失敗地漂亮——在這邊指的是，改造廁所。結果，20年過去了，公司倒是順利經營中。

「每當我感到恐懼時，我就會回到這個廁所，提醒自己說冒一點風險，有可能換來豐富的回饋和快樂。」

山坡上的小盒子

為自己的房子做一些改造，也為自己的生活模式帶來一些相應的改變，這非常適合Maker。你可以從簡單的草稿設計圖開始改造自己的房子，附帶許多聰明的設計和有趣的多功能裝置，而且還不需要一群艾美許人（Amish）的幫助就可以完成（記得舉辦一個小型跳舞派對，可以讓你更開心）。

Four Lights 微型房屋公司：要打造微型房屋，找傑·夏弗（Jay Shafer）就對了，從室外層架的造型設計，到讓室內使用空間最大化的建築結構都有。這家公司採用模組化的內部裝置來建造微型房屋，因此浴室、廚房和上下舖可以依照不同需求來安排位置，而且微型房屋還可以蓋在拖板車、高架或永久性平臺等不同的地方。此外，其建造說明書為了讓初階的DIY玩家

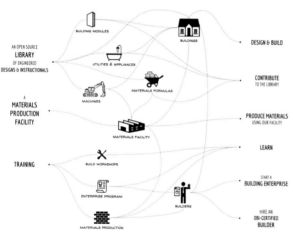

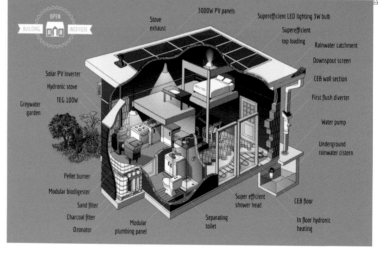

學習方便，非常仔細地寫了每一道安裝步驟，因此你不需要精深的木工技術，就能實現住在微型房屋裡的夢想。內部所有的裝設及部件都設計得很容易固定，而且所有擺設的尺寸都能穿過微型房屋的窄門。www.fourlightshouses.com

開放式建築學院（Open Building Institute）：它們正在建立一個開源資料庫，包含各種裝配式建築（Block style building）的開源藍圖，同時搭配工作坊集訓，每次讓一組學員快速學習如何組裝一間房子——事實上，這個活動也能稱為現代版的穀倉合建——而這類房屋的設計初衷就是盡可能有效地運用資源以及

環保，所有設計都是為了最低限度的電量需求、水源、以供快速維修和調整的電源線路、甚至依照實際需求或預算增加而得以簡單擴充升級。

Tiny Hacker House：很合理地，下一步我們就要來介紹專為 Maker 設計的房子。艾尼爾‧帕特尼（Anil Pattni）的計劃是在接下來的幾年內，與 Maker 和駭客一起在世界各地建造 25 間屬於他們的房子。這個計劃背後的概念，就是以建築活動為名，藉由開源硬體和聰明的能源解決方案，互相分享及提升參與者的技術，並且將完工的房子做為舉辦駭客松、手工藝以及其他各種美好活動的工作和生活

空間——當然也是舉辦工作坊的據點，以訓練人們建造更多類似的房子。

沃許開發區的 Makerspace：如果思考的格局和規模更大一點，會是什麼樣子呢？在鄰近美國德州沃斯堡的沃許開發區的其中一個賣點，就是將 Makerspace 也納入開發計劃內。沃許開發計劃當局會負責提供參與者工具以及所需的訓練。《全世界在瘋什麼自造者運動？》（The Maker Movement Manifesto，中文版由臉譜出版）的作者馬克‧哈奇（Mark Hatch）説，「這個空間能協助成人將手工藝或興趣磨練成為技術及第二專長的地方，而對小孩子來説則是他們學習設計創造時的靈感

來源,培育下一個創新世代。」

自給自足

前面介紹的專題中,其中有幾個包含了園藝和某種程度自給自足的設計或選擇。所謂的自給自足,可以是資源的延續性、也可以是盡可能地遠離用電生活、或者單純地用更新、更好的方式來完成事情。

Aquapioneers:按照這群巴塞隆納人的説法,他們要用魚菜共生的魔法來重塑都市居民與自然和本地食物的連結。基本上,這個方法就是讓你可以輕易地將平淡無奇的水族箱改造成為魚類和植物能夠互益共生的生態池。(這個方法的重點在於植物,不過你想要的話也可以飼養你愛吃的魚類。)

魚菜共生的模式也可以提供給學校、以及想要在大廳裡放一些更酷的玩意的公司,而不只是普通的水族箱和盆栽裝飾。
aquapioneers.io

開源蜂窩計劃(The Open Source Beehives Project)

現在愈來愈多人因為想獲取蜂蜜,或是擔心蜜蜂整體數量減少的趨勢而開始飼養蜜蜂。這個計劃就是為了要協助這些人而產生。開源蜂窩計劃提供在開源檔案上提供了蜂窩的設計圖,讓你可以自己造一座蜂窩,同時也設計了一款蜂窩監測計(BuzzBox Monitor)。這個小巧的蜂窩監測計可以讓你在手機上就能掌控蜜蜂的狀態,並在蜂窩有任何狀況的時候通知你,也能讓你成為蜜蜂監測網路的一員,共同扭轉蜜蜂族群存亡的局勢。

如果你想讓家變成最讓你感到快樂的地方,最好的方法就是自己打造一間屬於自己的房子。對某些人來説,是漆油漆和選擇窗簾。對另一群人來説,是擁有一個能夠顯示湯鍋溫度的瓦斯爐,以及一扇能讓你知道公車快要開走的智慧型大門。不論你的想像是什麼、或你的技術程度高低,相信你都有辦法在周遭環境中留下自己的足跡。如果計劃失敗了,那就表示你正在學習!(注意!:如果是需要用電的專題和爆破造景之類的,就不一定能用這種標準看待了。)◐

構思住家原型
PONDERING A PROTOTYPE

位於義大利都靈的潔絲敏小屋，探討何謂 Maker 未來的家

文：布魯斯・史特林　譯：謝明珊

Arduino創辦人馬西莫・班齊（Massimo Banzi）說過，除非要解決自身的問題，否則別貿然投入開源專題。我和潔絲敏結婚了，一個來自賽爾維亞，一個來自美國德州，卻要一起住在義大利，我們成家的過程遭遇一些問題。

潔絲敏小屋（Casa Jasmine，這是潔絲敏的點子，所以班齊以她命名），是我們心目中的未來家居，樓下是擴張中的 Torino Fab Lab，也是我和潔絲敏以及都靈的朋友們實驗家庭 Maker 文化和開源物聯網的地方。

模範房屋

我在《MAKE》雜誌創辦之初當過專欄作家，2007年我和潔絲敏來到都靈，就愛上了這個義大利第一個 Fab Lab。Torino Fab Lab 正如歐洲大多數 Makerspace，位於一間破舊的大工廠。2015年潔絲敏小屋開張，這花了我們和合作夥伴六個月時間將部分空間進行老屋改造，變得適宜人居。我們把發霉生鏽的舊工廠辦公室，改造為典型的義大利家居建築，大多數物件和服務都是透過開源方式取得，很有 Maker 的風格。

有一間 Arduino 辦公室也位於這棟工廠，於是我們專攻家居電子學，包括旋轉燈、智慧恆溫器、鍵盤鎖和自動灌溉花園。當地的設計辦公室「工具箱協造」（Toolbox Co-Working）覺得這棟房子很實用，女性物聯網（Internet of Women Things）團體也來這裡開會，既然現在是物聯網家庭自動化大鳴大放的時代，那就讓女性在 Makerspace 討論何謂良善而道德的家。

這個原型「屋」有很多功能：同時是民宿、開源硬體專題的測試平臺和觀光景點。我們在此舉辦工作坊、藝術活動和大型派對。每當我們在潔絲敏小屋學到有用的東西，通常會昭告全鎮並應用於自己的公寓。我們不是潔絲敏小屋的員工，而只是創辦人、招待和管理者，但這間小屋總是滿足我們的不時之需。

以 Maker 的物件和技法來造屋，本身就是迷人的構想，義大利人喜愛創新家居設計，所以在公關方面大獲成功，記者到此一遊，政治人物、博物館館長甚至義大利太空人都現身過，他們都覺得這裡超可愛。

樓下的 Torino Fab Lab 滿是鑽臺、雷射切割機和六軸機器人。相形之下，潔絲敏小屋是慵懶、舒服而時髦的空間。大家可以在此做菜、睡覺、洗東西，或者在欣欣向榮的花園享受一杯咖啡。潔絲敏小屋甚至還有兒童室，既然要有兒童的味道，

1. 潔絲敏小屋整修期間。

2. 潔絲敏小屋設計會議。

3. 整修前的露臺後院。

4. 潔絲敏小屋的羅倫佐·羅馬諾尼（Lorenzo Romagnoli）和亞歷山卓·史奇特里托（Alessandro Squatrito），在新的露臺花園捲起袖子動手做。

5. 磚頭和殘骸擺在未來的工作空間。

6. 完工後的走廊和工作空間。

7. 全新的潔絲敏小屋廚房。

8. 最終版平面設計圖。

布魯斯·史特林
Bruce Sterling
小說家、環遊世界旅行家和前《MAKE》雜誌專欄作家。

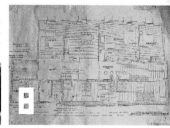

那就要「天馬行空」。

如今潔絲敏小屋兩歲了，整個建築計劃已經完成。我們從中學習到，Maker文化可以展現驚人的成果，但「動手做」做為設計風格，似乎仍缺乏文化要素。

社會實驗

Maker現象中，大家最擅長創作的東西，是透過Instructables網站、食譜般的步驟和演算法可以描述的，可以用一板一眼的計算機就能重現出來的。我們打從一開始就知道這個情況，也想要維持這個風格，最後還真的辦到了。我們夫妻倆勇於把技術需求擺在生活方式的首位，樂於在我們擁有的東西上鑽洞，還經常用藍牙和束線帶把東西弄在一塊。

不過，我們並沒有Maker需用的廚房用具。大型家電無法從Maker圈取得，畢竟

受到太多法規限制，對於使用者來說也太複雜而危險。以CNC機具裁切的合板家具，雖然容易組裝，但也容易崩解。3D列印塑膠連接器用途廣泛，但是很脆弱又容易搖晃。

Maker文化以網路為中心，而對於珍貴的傳家寶、地方工藝傳統和稀有在地資源的態度很有問題。

駭客現象則強調大家一起做，但這種群聚的風格沒有考慮到不習慣改造東西，或是做不到、沒興趣的家庭成員，例如坐輪椅的老奶奶，還待在嬰兒床的嬰兒，他們都可能遭到排擠，被視為累贅而非可敬的家人。有客人來的時候，他們見到奇怪的開源互動介面，只好搔著頭乾瞪眼。物聯網也有嚴重的資訊安全問題：把網路戰爭和網路犯罪直接帶進臥房和浴室。這正是潔絲敏小屋的真實生活。

大家經常稱呼潔絲敏小屋為裝置藝術，雖然從技術面來看，要在全球打造上千個也不是問題，但目前為止仍僅此一間。為什麼呢？這麼說吧，這項開源計劃是在解決我們自身的問題。我們夫妻倆各自從自己的國家帶來大批行李，但我們已經克服這個難題，學會用膠帶和束線帶快速整理、或改造這些行囊，不造成別人困擾。

只不過，接下來要想想看潔絲敏小屋對其他人的意義。我想你們的點子應該不比我們差。◢

Bruce Sterling, Casa Jasmina

HUMANITARIAN HOUSING

人道主義住宅

避難所**2.0**的DIY組裝設計可做為緊急避難所，有CNC模板和手持雕刻機即可完成

文：比爾·楊　譯：謝明珊

**比爾·楊
Bill Young**
從造船匠變成CNC傳道者，也是Shelter20.com和100kGarages.com的創辦人，經常用合板製造塵土和噪音。

海地的避難所2.0

用木製建材建造的避難所2.0

Bill Young

避難所2.0（Shelter2.0）是一套可以DIY組裝的合板建築，任何人皆可借助CNC工具機組裝完成。我和我在避難所2.0的長期合作夥伴羅伯特・布里奇（Robert Bridges），多年來把避難所工具包配送到世界各地。避難所2.0專題源自於羅伯特參加古根漢博物館（Guggenheim Museum）和SketchUp舉辦的比賽，靈感來自經典的圓拱式小屋，融入我們所研發的圓筒狀天花板，因為我們很喜歡曲線的力道和美感——況且ShopBot可以輕鬆切出俐落的曲線。

避難所2.0起初是做為緊急臨時屋，也可以提供遊民住所，讓學生協力造屋，而且曾被全球人道實驗室（Global Humanitarian Lab，globalhumanitarianlab.org）列為難民的住宅選項之一。避難所2.0也要方便CNC切割，我們就乾脆把CNC檔案放在網路上（github.com/wlyoung/Shelter20），開放任何人自行切割；只是要有CNC工具機。但是我們也可以幫忙切割並運送到世界各地，或者直接配送CNC工具機，讓使用者現場切割。

只可惜這兩個選項都隱含一些問題，一來設立車間的成本高，二來要在短時間教別人使用CNC機器也不容易，何況是在災區。我們切割完成再配送的話，不僅速度慢又耗費成本，我們還會有存貨的壓力，財務會更吃緊。

當數位遇見類比

避難所2.0的部件種類不多，但每一種部件的用量大，因此關鍵在於準確複製這些部件，也就不用勞煩CNC工具機切割每一個部件。當部件可以類比的時候，這就是最好的方法。先以CNC切割最初的圖案，這會比手作模板更準確，一旦有圖案模板在手，任何人皆可用手動工具輕易複製。手持雕刻機附有修邊刀，很適合切割小部件。壓入式雕刻機（plunge router）只要附有大小適中的模板和閥導襯套，很適合切割材料內部的洞和銑削形狀。

這些年來，我和羅伯特參與過一些創新CNC建築原型，就算我們和設計師再怎麼小心，現場組裝總會遺漏一個以上的凹槽或部件，需要現場製造。雖然我們不會攜帶CNC工具機，但總會有手持雕刻機，只要運用這個複製技法，就能夠以現有的部件做為模板複製一個新的，或直接添加遺漏的凹槽和狗骨型固定座（dogbone mount）等。

充滿可能性

不是所有技法都適合所有案例，這個數位類比混合技法也不例外。大多數優質的專題和設計，通常要從頭到尾使用數位製造工具，但也有一些是整合數位和類比技法。我們本來打算把避難所2.0的製造技法用在條件欠佳的環境，隨後試著在沒有CNC工具機的地方，看看能不能打造各種產品。

我對於數位製造的潛能仍懷抱無比熱情，尤其是CNC切割，這能改變我們生活大多數物品的製造方式。如果你有CNC工具機，那就拿來用吧！但不妨也試試看數位和類比混合的工作模式。○

這種技法特別適合以下情形：

» 設計圖的部件有限，但每個部件都要好幾份。

» 大多數部件要用2D輪廓切割（但有一些3D部件也適用，如口袋等）。

» 有多餘的人力。當人力充足時，這個技法會特別活躍。

» 安全有疑慮或電力基礎設施缺乏的地方。這個技法所需的工具小，可以靠小型發電機或太陽能板發電，也可以鎖在櫃子或安全工具箱。

» 這項設計「來者不拒」，很多種材料都適用。

» 不需要絕對的準確，也不在乎部件會有螺絲孔。

大量生產時的好處？

這很適合複製單一遺漏的部件或裝置，但能不能大量生產呢？我們的思路如下：

» 這些都是數位檔案，所以可以用CNC工具機現場切割圖案，或從別的地方運來。一套圖案的包裝小，方便運輸，而且一勞永逸。

» CNC切割所需要的知識和準確度，都在CNC工具機裡了。至於以手持工具（鑽子、鋸子和手持雕刻機）複製這些圖案的方法，學起來就很快。

» 可以擴充規模。你可以提高產出的數量，只要現場複製這些模板、增加人員和工具的數量就行了。

» 「備份」容易。模板可以多做幾份，原檔還可以保留起來。

» 可以結合難以用CNC工具機切割的材料。

採用數位類比混合技法製作桌腳。

羅素・葛雷夫斯
Russell Graves
35歲人夫和爸爸，
興趣是拆解東西、
記錄過程，然後修理
或改裝。

時間
» 3 週以上

成本
» 第一版 16000 美
  元，最終升級版再加上
  1000 到 1500 美元

材料
» 蓋好的組合屋（Tuff
  Shed）
» 礦物纖維隔音防火材料
» 藍色泡棉板隔音防火
  材料，2"
» Great Stuff 泡棉
» 合板，½" 和 ¼" 做
  牆壁和天花板
» SolarWorld 太陽能
  板 285W（10）
» ⁶/₂ UF 和 ¹⁰/₂ UF 用
  於面板線路
» 各種木材和螺栓 用於
  安裝面板
» 充電控制器 MidNite
  Classic 200 MPPT
» 深循環鉛酸蓄電池
  （8）Trojan T105-
  RE 6V
» 變流器／充電器 Aims
  Power 2000W
  48V
» 斷路器和配電箱 用於
  面板
» 空調和熱泵 Frigidaire
  FFRH0822R1
» ⅝" 膠合板和層板支
  架
» 無線網路基地臺
  Mikrotik mikrotik.
  com

工具
» 圓鋸
» 往復鋸
» 電鑽
» 衝擊起子
» 電線壓接鉗
» DC 接頭壓接鉗
» 螺絲起子
» 變流器
» 發電機

　　一年半前，我從西雅圖大都會區搬到愛達荷州西南部。由於需要一個工作空間，我用大賣場買來的活動式小屋自製了一個太陽能工作室。從過去在家工作的經驗，我知道我必須有個獨立的辦公空間來分開工作和生活。而且我工作時常得用到鋰電池、小型電子裝置、烙鐵、點焊機、電源供應器和其他兒童勿近的危險設備。

獨立發電工作室
OFF-GRID OFFICE
如何把組合屋改造成太陽能辦公空間
文、攝影：羅素・葛雷夫斯　譯：Madison

打造工作室
　　我整整花了三週的工作天，從零開始打造一個完備的工作室。這段期間，我打造了地基（我用優惠價買到組裝完畢的小屋，這個小屋需要放在平整的地面上），把小屋移動到想要的位置，用泡棉密封門窗周圍的縫隙，用礦物纖維隔音防火材料填滿牆壁和天花板，在隔音防火材料上覆蓋一層泡棉板，裝上合板牆壁，在牆上切割一個大洞裝空調，釘一堆層架，自製一個實驗室工作檯，在外頭裝一個大蓄電池箱，自製太陽能板固定裝置，安裝充電控制器和變流器，接無線網路過到室內──真是個大工程啊！

自行供電

我的工作室以太陽能供電，因為我的地點位在玄武岩上，只有薄薄一層土。雖然屋子有接到電網，但是在這附近挖溝往往需要用爆破的方式。多年來，我一直對獨立太陽能發電很感興趣，這個工程剛好讓我有機會來打造這樣的系統，每天接觸摸索它，花上許多時間實際學習如何讓獨立電力系統能終年運作。

我用10個SolarWorld 285瓦太陽能板發電。8個安裝在朝南的木製框架上，2個鉸接在面東的牆上。我把這兩片叫做「旭日東昇板」，它們能在主板大量發電前有效地捕捉到太陽從地平線上升起時發出的光。如果需要的話，也可以把它們擺到西南方，在下午和傍晚捕捉額外的陽光。

太陽能板產生的電力經過MidNite Classic 200 MPPT充電控制器流入8個Trojan T105-RE鉛酸蓄電池，然後進入Aims Power 2000W逆變器／充電器（峰值6000W）。

室內

工作室內，跟了我超過10年的轉角辦公桌上，有我的數臺電腦。一臺Raspberry Pi 3持續監控電力系統，一臺大桌機在電力充裕時跑Folding@home（folding.stanford.edu）和BOINC（boinc.berkeley.edu），一臺不吃什麼電的iMac處理日常辦公事務，再加上幾臺筆電，補足運算能力需求。

另一面是一張7.5'×2'的實驗室工作檯，我在這裡自行製造和拆解電池組、設計和分析小型電子裝置以及進行其他工作。我有個焊臺、點焊機、示波器、桌上型伏特計和其他各種工具，都在唾手可得之處。

冬季

愛達荷州的冬天寒冷多雪，這對太陽能工作室來說並不是個好環境。陰天時我用一臺小型變流器發電機幫電池充電，寒冷的早晨用無孔丙烷加熱器提高室內溫度。陽光燦爛的日子都沒什麼問題，空調中的電子加熱元件和小型的桌下電熱器都能運作無礙。礦物纖維和泡棉板牆隔絕效果良好，整個冬天都能保持室內溫暖。室外的電池會變冷，但鉛酸不會結冰，除非天氣真的太冷或電池放電過度。

網路和工作

我在我的工作室遠端工作，所以兩組偏遠地區無線網路連線（一個在家裡，一個在工作室），讓我與世界保持聯繫。住處和工作室都連到Mikrotik無線頻道，我可以從任一處控制所有設備。

我的工作算是個「深度工作」——長時間專注於深度的技術性任務，有個可以根據我的需求調整、完全能讓我心無旁騖的環境有絕佳的幫助。我可以用無線電鑽隨時修改我的工作室，沒有人拍我的肩膀問我要不要吃午飯。我在許多不同的環境中工作過，而這個肯定是我最滿意的。擁有自己的獨立工作空間來進行深入的技術工作，夫復何求！

更上一層樓

像這樣的工作室是一個永久性的專題。當我發現什麼效果不好，或者想改變什麼，我可以隨時修改。一只衝擊起子、一盒螺絲釘，加上合板牆，意味著我可以在任何地方安裝任何東西。我還在冬天來臨前在地下增加了一些泡棉板和一些窗戶擋板。

我對我的新工作室很滿意。空間當然是愈大愈好，但小空間更容易加熱和冷卻，並保持較低的加工成本。如果有一個團隊來幫忙，可以讓初次架設過程更快速！ ◐

用卡車運送組合屋。

室內隔音防火板。

太陽能板，調整至能接收最多陽光的角度。

由8個Trojan電池組成的蓄電池組。

轉角辦公桌上的電腦。

冬天下雪有時會蓋住太陽能板。

到葛雷夫斯的部落格syonyk.blogspot.com看關於這個專題的更詳細資訊以及葛雷夫的其他作品。

跳脫框架的住宅
ALTERNATIVE ABODES

多種你可以自己從頭打造的居住空間

文：戈莉・莫哈瑪迪　譯：呂紹柔

戈莉・莫哈瑪迪
Goli Mohammadi
文字怪咖和登山上癮者，也
曾任《MAKE》資深編輯。

談到住宅，由於現代Maker熱衷於重複使用、低廉成本及環境保護，孕育了許多跳脫傳統框架的想法。如果一個模子刻出來的住宅是光譜上的一端，這些另類的房子便是另一端。不管是使用聰明的材料還是創新的格局，這些舒適的居住環境對地球和你的荷包都相當友善。你最大的挑戰可能是取得建造許可。

聰明的材料：

1.棧板

棧板隨處可見，隨手可得，而且通常是免費的。有一群人經常使用棧板製作家具、狗屋、小屋，以及住宅（通常都比較小）。這邊要先提醒的是，棧板的木頭通常不是經過熱處理（安全），就是有經過殺蟲劑處理（有毒）。國際植物保護公約規定，棧板要印有兩個字母的國家或區域代碼，與一組指定編號，並標示HT或MB，說明這塊棧板經過何種處理。

為了安全起見，如果棧板上沒有印章，最好不要

冒險使用，以免暴露在危險的化學成分下。通常棧板都會被拆成木板，或是維持原樣做為隔絕材料。棧板屋的天花板通常都會使用較輕的材料，例如錫或是波浪狀的塑膠。你可以用大約100個棧板製作一個16'×16'的建物結構。

■ 應用指南：makezine.com/go/pallet-house

2. 貨櫃

幾乎所有我們跨洋購買的物品，在運輸時都會被放置在有波浪狀鋼面的貨櫃裡。由於美國出口的量大幅低於進口的量，而運送空的貨櫃非常不划算，因此我們的港口就堆滿一堆貨櫃。

貨櫃的價格從800美元到5,000美元不等，依據尺寸跟狀況而定。貨櫃提供了大型的建構組元，可以直接用來堆放，非常適合客製化，也容易熔接，能大幅減少建造時間和成本。除此之外，由於貨櫃就是為了抵擋運輸時的嚴酷天氣而製作，因此能耐受許多災害，包含火源與白蟻。

■ 應用指南：
residentialshippingcontainerprimer.com

3. 地球方舟

地球方舟是建築師麥可・雷諾茲（Michael Reynolds）於70年代所發明，使用的是當地天然的廢棄材料和垃圾，創造出牢固、有著獨立發電系統的結構。他將輪胎緊密排列成堆，與砂土組成免費的巨型磚塊。他也將瓶子和罐子排列好後再補上水泥，能減少水泥用量。

地球方舟的設計有著內建的系統，包含雨水蒐集、被動式太陽能以及溫室系統，能蒐集並加熱水源，生產食物，以及加熱或冷卻房屋，希望能減少對公共系統與石油的依賴。他的設計非常簡單，每個人都能夠打造。Reynolds說了美國新墨西哥州提供幾畝地，打造一個實驗性質的地球方舟村落，不受任何法規或規章約束。你可以至雷諾斯的地球方舟生物建築了解他的計劃與工作坊。

■ 應用指南：earthship.com

4. 客土袋

地球方舟最令人詬病的一點，就是大家以為能排氣的主屋建材——輪胎。尤其在氣候炎熱的地帶，更是讓人無法忍受（雖然這個問題可以透過在輪胎上覆蓋水泥或土磚減輕）。另一種替代的建築材料便是「客土袋」（earth bag），基本上就是聚丙烯袋內裝塵土和石頭，縫起來後整齊排放，袋與袋之間用鐵絲網穿梭固定並增加抗拉強度。用客土袋打造的建築，通常會用黏土或類似的材料覆蓋其上。

■ 應用指南：makezine.com/go/earthbags

5. 稻草包與土團

土團是一種可塑性高的傳統建材，由底土（表土底下的土壤）、水、纖維物（例如稻草）與一些黏土、沙子或石灰混合而成。自史前時代便有人類使用。它可以防火、不貴、而且通常可以就地取材。雖然你想像中的土團建築物可能會像哈比人的家，但現代的土團建築完全不似傳統的型態。

通常土團會與稻草包結合，做為混合式建築的材料，使用許多捆稻草做為建築的磚塊。混合式房屋可能會在北面使用稻草捆，以達到隔熱效果，南面則使用土團，以吸收熱能並分散至室內。土團也比較容易挖洞製作窗戶，或是塑造弧形線條；稻草捆的優點是建造起來方便迅速。

■ 應用指南（稻草包）：simple-living-today.com/straw-bale-house.html

■ 應用指南（土團）：diynatural.com/cob-houseconstruction

創新的結構：

6. 有著輪胎的迷你屋

迷你屋的風潮無遠弗屆，屋主必須在約400平方英尺或是更小的空間裡，聰明地收納儲藏及重複利用空間。現在，這樣的風潮更是「如添雙翼」，不過在這裡，添的是輪子。這些迷你住宅可以移動，也是逃漏房屋稅的最佳方式，同時還有美景可以欣賞。

居住於加拿大的賴亞德・赫伯特（Laird Herbert）在他獨特的葉子小屋（Leaf House）設計（facebook.com/LeafHouseSmallSpaceDesignAndBuild）中提供了一些點子。舉例來說，他的第3版設計是一棟215平方英尺的住宅，很適合在寒冷的地區居住，使用的是回收且能永續使用的建材，裝置於一輛20英尺的拖車上，重量小於5,500磅，可供四人家庭居住。

■ 應用指南：instructables.com/id/Tiny-tiny-house

7. 船屋

船屋並不是甚麼新奇的點子，但的確是個有趣的選擇。我們可以看到船屋及「水上住宅」，後者是在一塊能漂浮於水上的平面上打造的建築，而前者則是一定要有適合用於海面的船身、馬達，以及導航系統，並須符合美國海岸防衛隊的標準。

如果你住在船屋上，就不需要照顧草皮，窗外的風景也不斷變化，而在有些地方，是以私人財產的名目繳稅，而非房地產。不過，船屋通常需要繫泊費，有時候也會有房屋持有人相關稅。除此之外，房屋持有人的保險通常比地面上建築物來的高昂些，而且船屋也更容易經歷風吹雨打。

■ 應用指南：buildahouseboat.com

Paletten Haus, Angel Schatz, Biodiesel33, Kelly Hart - www.earthbagbuilding.com, Casa Terracota, Laird Herbert, Waqcku

VOICE BOX

神奇聲音小盒
Arduino 語音辨識會重新定義智慧家庭嗎？
文：瓊恩・克里斯汀　譯：屠建明

Arduino，要有光。

克里斯多福・科特（Christopher Coté）正對著一座皮克斯造型桌燈嚴肅地說話。

他用平常呼喚Siri時的口吻說出：「Arduino」，接著，桌燈發出嗶嗶聲，表示已辨識出這個口號。接著他說：「要有光」，然後桌燈就亮了，光線溫暖地照射在科特的臉上。

全盤掌握

科特是CRT實驗室（CRT Labs）的一位研究人員，他為了測試MOVI而打造了一臺桌燈。MOVI是專為提供機上語音辨識和合成功能而設計的Arduino擴充板，它的特點不在於特定技術的突破，而是用一塊電路板整合多種現有的開源語音工具，這樣一來，為Arduino專題增添語音控制就不費吹灰之力。另外，和Google Home、Amazon Echo等市面上智慧喇叭不同的是MOVI的作業都在本機進行，不用把資料傳到雲端，減輕了隱私和安

性的疑慮。

「對我們而言，關鍵要素在於完全離線的能力。」MOVI的原創者之一，伯特蘭德・伊力索（Bertrand Irissou）表示，「能讓所有裝置和雲端連線固然很好，但如果斷線的話裝置就沒有用了。」

敞開大門

看過MOVI實際運作後，腦中浮現的未來智慧家庭並不像Google或Amazon的封閉平臺，反而更像Linux：一個由群眾外包、可自訂系統構成的生態，讓使用者在獲得功能的同時不用犧牲控制權。

我們再來看看史提夫・昆恩（Steve Quinn）的例子，他是最早嘗試MOVI先驅之一。他全職於英國的太空產業工作，空閒時間研究開源的智慧家庭技術。將MOVI開箱後，他很快就設定讓它根據MQTT IoT通訊協定，透過ESP8266把指令傳送到已經完成設置的開源家庭自動化系統OpenHAB。才三兩下的功夫他就能

聲控家裡的燈光和感應器網路。接下來他打算新增程式碼來控制電視和監視攝影機。

「這是很厲害的套件，」他說，「如果降價的話，我會多買幾組。」

人氣不減

MOVI的歷史從兩年前伊力索和合作夥伴傑拉德・法萊德蘭（Gerald Friedland）發起的Kickstarter募資專案開始。首批產品出貨後，市場仍顯示出需求，所以他們繼續以每組75美元的價格來販售，同時發現有的使用者已經用MOVI打造出聲控輪椅和互動裝置藝術等作品。伊力索最喜歡的作品之一是cosplay玩家朱利亞斯・桑切斯（Julius Sanchez）的聲控鋼鐵人裝甲。

「他不是程式設計師，」伊力索說，「但他是有程式語言基礎的Maker，而他做出的東西讓我們目瞪口呆。」◉

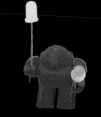

SECRET CABINET LOCK

祕密櫥櫃門鎖

只有知道祕密的人才能打開的隱藏鎖

文：馬克・隆利　譯：Madison

我們想把存放藥品的櫃子和其他我們不想讓孩子碰的東西鎖起來。但是不管裝上哪種類型的標準鎖，都勢必會破壞櫃子的外觀。我們不想看到任何可見的上鎖機構。

於是我們決定設計一道以電容觸控開關觸發的隱藏式電磁鎖。電容式觸控開關模組由一段黏在櫃內的導電銅箔膠帶觸發。只要觸摸櫃子外面的特定位置，觸控開關模組就會觸發開啟電磁鎖，進而開啟櫃子的門。

現在我們的藥櫃裡有一個完全隱藏的鎖，只有我們大人才知道怎麼打開（只要不讓孩子們看到怎麼開）。

1. 將電磁鎖安裝到位

電磁鎖要固定在櫃子內，鎖舌扁平面朝外，櫃子的門才能在關閉時把它推開（圖 **A**）。但是這顆鎖的方向跟我們要固定的方向剛好呈90°（圖 **B**），我們得將它從金屬外殼中取出，接到另一個角鋁上，才能安裝到櫃子裡面。

我們決定在電磁鎖中增加兩條額外的「防呆」電線，隱藏在隔壁（未上鎖的）的櫃子中，以防觸控開關突然故障。有了這兩條線，我們可以輕易地接一道12V直流電壓供電給電磁鎖。

2. 將 12V 直流電接到櫃子內

觸控感應模組電磁線圈需要12V直流電。我們將不要的舊設備電源適配器拿來廢物利用。我們將適配器塞入水槽上方的內嵌燈箱內，把電線隱藏起來（圖 **C**）。只需在兩櫃中間的隔板上打幾個孔，便可將12V電線插入要上鎖的暗櫃中（圖 **D**）。

3. 製作觸控感應板並安裝到位

觸控感應板會用到兩條5"長的銅箔膠帶，兩者應相鄰且相互平行，但不能互相

馬克・隆利
Mark Longley
是 Xkitz Electronics 的執行長。他和他十幾歲的孩子們在2010年一起成立了這間公司，實際練習企業營運，同時也行銷平時最喜愛的業餘電子設計與專題製作材料。

時間
» 2 小時

成本
» 55～75 美元

材料
» 12VDC 電磁鎖 Adafruit #1512 adafruit.com
» 電容式觸控開關 我使用 Xkitz Electronics #XCTS-1M xkitz.com
» 12V 直流電源
» 銅箔或鋁箔膠帶
» 電線，20～24 AWG 左右 可在 OpenBuilds openbuildspartstore.com 上購買
» T 型支架
» 木螺絲

工具
» 烙鐵
» 電鑽
» 透明膠帶

接觸。其中一條是觸控板，另一條用來接地，能提高觸控的靈敏度。我們用透明膠帶先將兩塊銅箔膠帶固定在一起後，再貼在樹櫃的內壁上。將兩塊銅箔膠帶各焊（或用膠帶貼）一根6"長的細導線（圖 **E**）。這些線會連接到觸控開關模組，執行感測的任務。撕下背膠襯紙，將膠帶黏貼到想要觸碰開啟處的背面。

起初我們嘗試使用觸控開關模組隨附的小電路板（圖 **F**），結果電路板實在太小，無法確實地感測到 ³⁄₄" 木板另一面的觸碰動作，必須將靈敏度調到非常高。儘管這樣調整也是可以運作得不錯，但因為靈敏度設得太高，有時會被誤觸。改用銅箔膠帶感測讓我們可以降低觸控靈敏度，現在它可以穩定運作。我們推測，如果你的樹櫃壁面較薄，應該用小電路板即可。

4. 觸控開關模組接線

你現在可以開始連接觸控開關模組所需的所有接線了。將電源線、電磁鐵線、觸控感測片和接地的導線穿進觸控開關外殼上的小孔，連接到綠色連接端子上，如圖 **G** 和 **I** 所示。注意電源線別接反了，模組會壞掉！

5. 配置、測試和調整觸控開關模組

將觸控開關模組上的兩條跳線接成「間接觸摸，瞬時接觸模式」，如圖 **H** 所示。使用一把小螺絲起子將感光鈕逆時針旋轉到最低靈敏度，並插入12V電源。現在應該可看到上頭的LED指示燈閃爍數次。重複觸摸感應區域，同時順時針旋轉感光鈕，直到調整至你想要的敏感度。

重要提示：在每次觸摸測試之間，模組「學習」觸摸感測片的環境電容時，必須將手完全移開。如果你的手一直放在感測片

Hep Svadja, Mark Longley

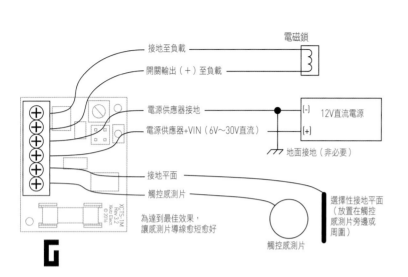

電磁鎖

接地至負載
開關輸出（＋）至負載

電源供應器接地
電源供應器+VIN（6V～30V直流）

12V直流電源
(-)
(+)

地面接地（非必要）

接地平面
觸控感測片

選擇性接地平面
（放置在觸控
感測片旁邊或
周圍）

觸控感測片

為達到最佳效果，
讓感測片導線愈短愈好

XCTS-1M
Rev 3.2
Xkitz Elect.
© 2016

G

快速接線指引

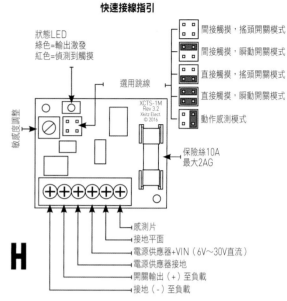

狀態LED
綠色＝輸出激發
紅色＝偵測到觸摸

間接觸摸，搖頭開關模式
間接觸摸，瞬動開關模式
直接觸摸，搖頭開關模式
直接觸摸，瞬動開關模式
動作感測模式

選用跳線

敏感度調整

XCTS-1M
Rev 3.2
Xkitz Elect.
© 2016

保險絲10A
最大2AG

感測片
接地平面
電源供應器+VIN（6V～30V直流）
電源供應器接地
開關輸出（＋）至負載
接地（-）至負載

H

I

J

K

L

M

N

Juliann Brown, Mark Longley

上，它會把這個狀態當作環境電容，導致無法感測到觸摸時的差異。

6. 固定觸控開關模組

模組調整完畢，可以穩定運作後，用兩顆小木螺絲加上法蘭的方式固定在櫃子內（圖**J**）。

7. 將防撞板定位和安裝於門上

我們將一個T型支架（圖**K**）改裝成防撞板。要正確對齊，在櫃子和門邊緣暫時貼一塊不透明膠帶，以標記鎖的垂直位置並延伸到門背面（圖**L**）。接著測量電磁鎖的水平距離和深度。將T型支架折彎至適當的深度（圖**M**），如果需要的話，將多餘的部分剪掉，然後將其安裝在門上

（圖**N**），使之可鎖上。

現在你可以將東西安全地藏在隱藏式門鎖櫃裡，然後神不知鬼不覺地觸摸開啟。
◎

盜用者偵測器
PIRATE FINDER

用巨大計數器監控網路登入來揪出入侵者

文：阿拉斯戴爾‧亞倫　譯：屠建明

Hep Svadja, Luke Arztz

阿拉斯戴爾‧亞倫
Alasdair Allan
一名科學家、作家、駭客和記者。他曾經推出可覆蓋 Moscone West 會議中心的網格網路、引發參議院聽證會、也曾參與發現當時已知最遠的星體。

我們都想保護自己的網路，不想讓外來使用者佔用頻寬。這個專題的目的就是用巨大明亮的數字即時顯示有多少裝置連線到你的系統。如果數量異常增加，就可能是有不速之客前來，需要考慮變更密碼和採取其他安全措施。以下是製作方法的精華。詳細步驟可參考 makezine.com.tw/make2599131456/raspberry-pi8273188。

1. 設定 RASPI

» 在 Pi 安裝 Raspbian，並設定作業系統。請展開檔案系統來檢查是否為最新版。

» 設定 USB Wi-Fi 轉接器。輸入 $ sudo nano/etc/network/interfaces 並將 wlan1 條目變更為以下：

```
allow-hotplug wlan1
iface wlan1 inet manual
        pre-up iw phy phy1
interface add mon1 type monitor
        pre-up iw dev wlan1 del
        pre-up ifconfig mon1 up
```

接著儲存變更並重新開機。

» 輸入 $ sudo iw dev mon1 set freq 2437 或 $ sudo iwconfig mon1 channel 6。

2. 監控設定

» 輸入以下程式碼來下載、建立並安裝 kismet：

```
$ sudo apt-get install git-core
build-essential
$ sudo apt-get install
libncurses5-dev libpcap-dev
libpcre3-dev
libnl-dev libmicrohttpd10
libmicrohttpd-dev
$ sudo wget
http://kismetwireless.net/code/
kismet-2016-07-R1.tar.xz
$ sudo tar -xvf kismet-2016-
07-R1.tar.xz
$ sudo cd kismet-2016-07-R1
$ sudo ./configure
$ sudo make
$ sudo make suidinstall
$ sudo usermod -a -G kismet pi
$ sudo mkdir -p /usr/local/lib/
kismet/
$ sudo mkdir -p /home/pi/.kismet/
plugins/
$ sudo mkdir -p /usr/lib/kismet/
```

讓 Pi 重開機。

» 依照線上專題頁面的說明下載 kismet 的製造商清單來辨識網路裝置。

3. 掃描設定

» 輸入以下指令來安裝 nmap 和 arp-scan：$ sudo apt-get install nmap 和 $ sudo apt-get install arp-scan。

» 我們可以執行以下指令來更新 mac-vendor.txt 檔案，提供更多偵測到裝置的資訊：

```
$ cd /usr/share/arp-scan
$ sudo mv mac-vendor.txt
macvendor.orig
$ sudo wget http://bit.ly/
macvendor
```

» 接下來，我們要用arp-scan來建立整天連線到網路的裝置的記錄。首先要安裝以下封包：

```
$ sudo apt-get install dnsutils
$ sudo apt-get install
libdbdsqlite3-perl
$ sudo apt-get install
libgetoptlong-descriptive-perl
$ sudo apt-get install
libdatetime-format-iso8601-perl
```

» 接著輸入$ sudo wget http://bit.ly/2v8rRGb來儲存counter.pl Perl指令碼到Raspberry Pi。為確保指令碼可執行，輸入：$ sudo chmod uog+x counter.pl.現在測試功能性，在指令行輸入：$ sudo./counter.pl --network home。

» 所有東西都準備好後，為了讓Pi定時掃描網路，我們要在crontab新增掃描指令，輸入$ sudo su和$ sudo crontab -e來打開crontab檔案，並在檔案末端加入以下這行：

```
0,30 * * * * /home/pi/counter.pl
--network home
```

» 在/etc/rc.local檔案加入以下指令就能確保每次重開機都更新資料庫：

```
#!/bin/sh -e
#
# rc.local

# su pi -c '/usr/local/bin/
kismet_server -n -c mon1
--daemonize' /home/pi/counter.pl
--network kaleider &

exit 0
```

4. 儲存並離開檔案

» 請在兩個大型數位驅動器板背面都貼上絕緣膠帶來保護導孔（圖A）。將電路板的10個腳位和7段顯示器背面底部的佈線對齊，接著將全部12個半孔焊接至顯示器（圖B），可以視需要參考SparkFun半孔焊接指南（learn.sparkfun.com/tutorials/how-to-solder---castellatedmounting-holes）。

» 用跳線將第二臺顯示器接上第一臺（圖C）。把第一臺顯示器上OUT的GND連接到第二臺上IN的GND；第一臺上OUT的LAT連接到第二臺上IN的LAT，以此類推。

» 將Arduino第6腳位接到CLK、第5接到LAT、第7接到SER、5V接到5V、Vin接到12V、GND接到GND（圖D）。

» 將12V電源接到Arduino來為顯示器供電。複製並上傳一位數字範例程式碼到板子上來確認功能正常，再重複此做法檢查二位數字程式碼。在SparkFun接線指南（learn.sparkfun.com/tutorials/largedigit-driver-hookup-guide）有這裡的步驟和將大型數位驅動器用於7段顯示器所需的程式碼。

5. 編寫 Arduino 程式

» 我們可以修改範例程式碼來讓Arduino透過序列埠接受數字並顯示。上傳gist.github.com/aallan/7ae04d27ac19b8ea90e26f8391f624c2的程式碼到Arduino，打開序列監視器，並輸入一個數字來測試。

6. Arduino 與 Pi 的通訊

» 將Arduino從電腦拔除並插入Raspberry Pi。執行$ ls /dev/tty*指令來檢視可用的序列裝置。Arduino應該會顯示為/dev/ttyUSB0。

» 請輸入$ sudo apt-get install libdevice-serialport-perl來安裝建立過程的最後一個封包。

» 用位於bit.ly/2uH9JSn的更新後指令碼取代原先的counter.pl指令碼。

這樣你就擁有一臺設定完成、運作順利的網路計數器了。將它放在漂亮的外殼裡，驕傲地展示出來吧。盜用者小心，有人在盯著你！⊘

時間

» 5～10 小時

成本

» 140 美元

材料

» 7 段顯示器，6.5"，紅色（2）SparkFun #8530，sparkfun.com
» 大型數位驅動器（2）SparkFun #13279
» SparkFun RedBoard 或 Arduino Uno
» USB mini-B 纜線
» 電源供應器，筒型接頭 12V/2A
» 跳線，公對母（6）
» 跳線，公對公（6）
» Raspberry Pi 3
» 電源供應器，micro USB，5V/2A
» USB Wi-Fi 轉接器 我們採用 Anewish Mini Wireless RT5370

工具

» 烙鐵
» 銲錫

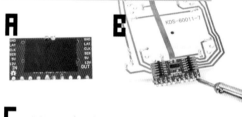

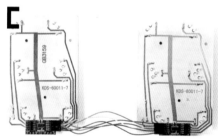

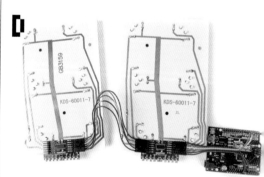

文：布萊恩‧洛伊　譯：葉家豪

時間
» 1～2 天

成本
» 60～80 美元

材料
» Feather HUZZAH 開發板，內建
ESP8266 Wi-Fi 晶片 Adafruit #2821
adafruit.com
» Adafruit NeoPixel 通孔 LED（需要的數
量）我們使用的是 Adafruit 5mm #1938
» 220uF 電容
» 330ohm 電阻
» 邏輯電平轉換器 當你採用多於 5 個 Neopixel
時才需要。上圖的海灣大橋畫作中使用的
是 TXB0104 雙向電平轉換器，Adafruit
#1875
» 5V 電源 我們使用 USB 壁掛式電源供應器
» Micro USB 至 USB 傳輸線
» 紙本地圖
» 有網路連線的電腦
» 電子線
» 熱縮套管
» 麵包板（非必要）

工具
» 烙鐵
» 剪刀
» 銅絲鉗

布萊恩‧洛伊
Brian Lough
軟體工程師，最近在發
現 ESP8266 後 迷 上 了
Arduino 開發板。他會在他
的 Youtube 頻道（ youtube.com/channel/
UCezJOfu7OtqGzd5xrP3q6WA ） 和
Instructables 發表作品。他和他的未婚妻、
女兒以及兩隻狗一起住在愛爾蘭。

即時路況掛畫
TRAVEL LIGHT
看看牆上的 NeoPixel 掛畫，等等上班的交通路線是否順暢呢？

這個專題會利用 Arduino 裝置蒐集 Google Map API 上的資料、然後將 NeoPixel LED 燈設定成與線上地圖一樣的顏色，綠色代表交通順暢、黃色代表略為壅塞、紅色代表交通堵塞。完成之後，就可以在實體地圖上即時顯示路況。這個專題會隨著路況變化，每分鐘即時改變顯示的顏色。

這次的專題使用 AdaFruit Feather HUZZAH ESP8266 開發板，程式碼透過 IDE 連接埠來控制，不過這組程式碼應該可以套用在任何搭載 ESP8266 Wi-Fi 晶片的開發電路板。此外程式碼使用 ESP8266 晶片的內存快閃記憶體：SPIFF 區域儲存設定，所以晶片的設定不會受到重開機的影響。

1. 打造電路

在 3V 和 GND 之間連接一個 220uF 電容。將第一顆 Neopixel LED 的正極焊接至 3V，然後並聯剩下所有 Neopixel LED 的正極。重複同樣的步驟，將 LED 電源線的負極焊接至 GND。

在板子的訊號輸出端和第一顆 Neopixel LED 訊號輸入源中間放置 330 Ohm 電阻。然後將第一顆 LED 訊號輸出端接上第二顆 LED 的輸入端，重複動作直到所有的 LED 都連接完成。最後應該會剩下一顆 NeoPixel LED 的輸出端沒有做任何連結（圖Ⓐ）。

2. 獲得 Google Maps API 金鑰

為了要從 Google Maps API 獲取交通資訊，你需要 API 金鑰。金鑰都是免費的，而且非常容易取得。

請在瀏覽器中開啟 https://developers.google.com/maps/documentation/distance-matrix。下拉至頁面下方，點擊「Get a Key」選項。請輸入你的專題名稱，然後在同意使用條款的選項上打勾。然後你就會得到自己的金鑰，之後你在編寫草稿碼時會用得到。

我建議可以到下列網址測試一下你獲得的金鑰是否能正常使用（記得在測試完後

Hep Svadja, Luke Artzt

更改金鑰！）：

https://maps.googleapis.com/maps/
api/distancematrix/json?origins=Ga
lway,+Ireland&destinations=Dublin,
Ireland&departure_time=now&traffic_
model=best_guess&key=PutYourNewly
GeneratedKeyHere

如果金鑰能正常使用，請將這組API金
鑰複製貼上到程式碼的第89行。程式碼
可以在這個專題的Github專頁（ github.
com/witnessmenow/arduino-traffic-
notifier）下載。

3. 設定程式碼

現在你已經具備所需工具，可以用以下
的草稿碼來寫程式了。請在Arduino IDE
中開啟用來通知交通狀況的程式碼。在草
稿碼頂端有個清單列出所有程式碼需要用
的函式庫，若你還沒安裝請記得要全部安
裝完成（所有的函式庫都可在Arduino函
式庫管理員中找得到）。

若畫面再往下拉一些，會看到一個已經
加入附註的區塊，在這邊你可以依自己的
喜好來調整程式碼。在這個區塊你可以設
定你的輸出腳位碼、NeoPixels LED數
量、亮度、交通流量上限和資料更新頻率。

現在你應該可以用程式碼來控制你的電
路板了。

4. 執行裝置

首先，請將板子連上Wi-Fi。開啟板子
電源，然後找出它的Wi-Fi訊號。再將電
腦連上板子的Wi-Fi訊號，然後設定加入
你的網路。現在它可以下載交通狀況的資
料了。

請找到你在Google Map上設定的路
線起點，然後在網址的尾端複製經、緯度
的資訊──這會顯示在URL中。請在程
式碼第96行輸入經、緯度。查看Google
Maps目的地，重覆這個動作，在第97行
輸入資料。請上傳程式碼到板子上，接著
中斷電腦和板子的連線。如果還沒充電完
成，請再將板子接上電源線。在你的地圖
下載交通流量資訊和設定燈色時，請稍等
幾秒鐘。

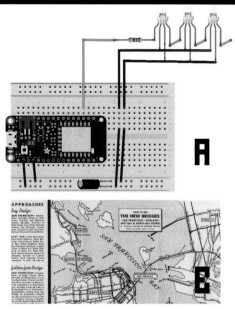

5. 裝上地圖

在這個步驟你可以依自己的喜好進行
──我們下載並列印出復古的舊金山地圖
（圖 B ），在海灣大橋的路線（圖 C ）上放
置了四顆LED來追蹤橋上的交通狀況。為
了讓地圖更堅固，我們把地圖和電路黏在
風扣板上（圖 D ）。整張地圖都可以錶框
並掛在牆上（圖 E ）。

> **注意：** 如果你使用了超過5顆LED，
> 你將需要增加額外的邏輯電平轉換器來供應
> 適當的電源給所有裝置。請依照圖 F 裝置。

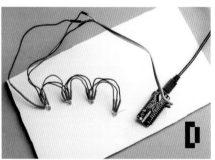

你照亮了道路

你的交通地圖已經完成了！現在你只要
用MicroUSD連接線接上標準規格的5V
電源即可。電路板會自動連上網路然後執
行程式碼；等一會兒，LED就會亮起，讓
你知道你所選定路線的交通狀況。

我認為將Google Maps API和ESP8266
結合，可以完成很多有趣的專題，以物理
方式顯示數位資訊。這樣的專題可以用
來比較各種不同通勤路線的交通時間（例
如https://www.instructables.com/id/
Arduino-Commute-Checker/ ），甚至
可以用來比較不同交通方式的交通時間（開
車／走路／大眾運輸等），如此一來，這些
專題可以鼓勵人們在交通尖峰的時段，嘗
試不同的交通方式。 ◐

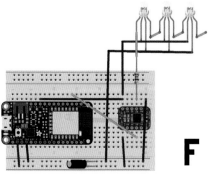

時間
» 4 小時

成本
» 65 美元

材料
» 滴灌套件 包括管線、水管轉接頭、T型接頭及滴灌器。使用鑽孔的軟管效果亦佳。
» 壓入式轉接頭
» Puck.js 微控制器
» 3V 鈕扣電池 Puck.js 附有一個
» FET（電晶體），P36NF06L（2）用來開關電磁閥和泵浦
» 二極體，1N4001（2）關閉時保護 FET 不受反電動勢影響
» 12V 鉛酸電池
» 防風雨外盒 我用的是 Schneider 接線盒。有各種尺寸可選，我用的款式在底部有備用空間。

工具
» 電鑽
» 有網路連線的電腦
» 烙鐵與焊錫

自動化番茄園
AUTOMATED TOMATO GARDEN

用 Puck.js 打造可以自動灌溉作物的智慧菜園

文：高登・威廉斯 譯：屠建明

A

我 很喜歡番茄，尤其是鮮採番茄。我們很幸運有朝南的菜圃，只要有充足的灌溉就能長出好番茄，但過去經驗顯示我沒辦法按時幫它們澆水。在用魚池泵浦和計時器的幾次失敗嘗試後，我依照常理去買了一臺真正的澆水器，但它不是電池沒電就是打不開、關不掉，最後自己水滿出來。最後，身為 Maker，我決定自己動手解決，用微控制器做了一臺澆水器，而且還運作順暢。它每年都有演進，到了現在它不但簡單、可靠、便宜，還有市面上昂貴的澆水器找不到的功能，例如自動施肥！

高登・威廉斯
Gordon
Williams
著有《讓東西智慧起來》（暫譯，Making Things Smart），為大家示範如何用可輕鬆獲得的材料和 Espruino 微控制器打造簡易版的電視、相機或印表機等高科技產品。

組裝

它的管路很簡單，只要在盒子上鑽幾個孔（圖 A），接著裝入電磁閥（圖 B），再接上水管轉接頭（圖 C）和滴灌套件（圖 D，此處會和水源連接）。另外，蠕動泵浦（peristaltic pump，圖 E）會定時把肥料加入水流中；其中一端透過水管接到液體番茄肥料的容器，另一端用 T 型接頭接到通往番茄的澆水管路。市面上賣的滴灌套件通常會附所有需要的管路和 T 型接頭。

為了避免使用電路板，我把 FET 和二極體（圖 F）直接焊接到電磁閥和泵浦，接著只要把 12V 電源和 3 條線（接地線和兩條接到 D1 和 D2 的控制訊號

iStock.com/Paul Biryukov, Gordon Williams

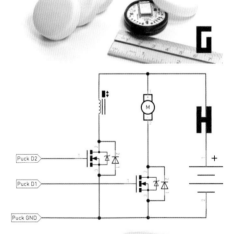

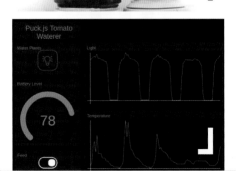

線）接到 Puck.js（圖 **G**），參考圖 **H** 的電路圖。Puck.js 放在外盒上，鑽孔來跑線路。因為防水，所以把它放在外面沒問題，這樣我在附近的時候就可以輕鬆按按鈕啟動澆水（圖 **I**）。

軟體

好玩的地方來了！Puck.js 執行的是 JavaScript，可以透過 Web Bluetooth 完全無線編輯程式和除錯。

依照 Puck.js 網站的說明來更新 Puck.js 的韌體，並開啟 Espruino IDE，通常只要有 Chrome 瀏覽器就沒問題。

打開 Web IDE 之後，按一下左上方的「連線」圖示，並選擇裝置。IDE 的左邊會看到指令提示，用來和微控制器本身即時互動。在右手邊可以用「正常」的方式寫程式碼，一次把它上傳。

進入右上角的 Settings（設定），接著選取 Communications（通訊），確認 Set Current Time（設定目前時間）已勾選（這會在每次上傳程式碼時設定正確時間）。

接著上傳簡單的澆水器程式碼：

```
E.setTimeZone(-8 /* PST */);
var hadWater = false;

function waterPlants(water, feed) {
  digitalPulse(D1, 1, water*1000);
  if (feed)
    digitalPulse(D2, 1, feed*1000);
}

// 每10分鐘檢查澆水狀態
function onTick() {
  var now = new Date();
  var h = now.getHours();
  var day = now.getDay();
  if (h==8 || h==19) {
   // 每星期一、三、五施肥
    var doFeed = (h==8) &&
     (day==1 || day==3 || day==5);
    if (!hadWater)
     waterPlants(300, doFeed?30:0);
    hadWater = true;
  } else {
    hadWater = false;
  }
}
setInterval(onTick, 10*60000);

// 當按鈕按下
//澆水30秒
setWatch(function() {
 waterPlants(30,0);
}, BTN, {edge:"rising",
  debounce:50,repeat:true});
```

這樣它就會在設定的時間每天澆水兩次，並且每週施肥三次（星期一、三、五）。

用 IDE 的左邊可以直接和澆水器互動。D1.set() 會打開水的電磁閥，而 D1.reset() 會把它關閉。輸入 waterPlants(10,5) 則是命令澆水 10 秒、施肥 5 秒。

這樣就完成了。澆水器可以持續運作，直到一年左右後電池才會沒電。如果希望它在重設後仍繼續運作，只要輸入 save()，就可以全部儲存到快閃記憶體。

> **註釋：**依照預設，任何人都可以和 PUCK.JS 連線並互動。如果對這方面有疑慮，espruino.com/Puck.js+Security 可以給你一些靈感。

歡迎到我的 Github（github.com/gfwilliams/MakeTomatoes）下載這份程式碼，還有稍微複雜一些、能記錄溫度和光線強度、甚至提供手機儀表板的版本（圖 **J**）。

如果你有做像這樣的澆水器或類似的專題，還是有任何問題，歡迎至 Espruino 論壇（forum.espruino.com）和我聯繫。

要取得程式碼或是要使用線上藍牙介面，可以至 github.com/gfwilliams/MakeTomatoes。

DIY HOVER PLANT
DIY漂浮盆栽
打造專屬於你的磁力漂浮花盆（或其他漂浮物品）

文、攝影：傑夫・歐森　譯：編輯部

去年，我發現了 Lyfe 漂浮盆栽（229美元）後，決定要自己做一個。我在 Amazon 買了一個便宜的電磁鐵，並在 Reddit 上發表了我的第一個創作。大家都認為這很酷，但是我對這個版本的懸浮距離和穩定性並不滿意，所以我開始尋找那個在 Lyfe 漂浮盆栽中使用的磁鐵。它是一個更大的磁鐵，能夠漂浮得更高，在空中更加穩定。以下我將為你介紹如何打造自己的漂浮盆栽：

1. 建立電源

請在雪茄盒背面鑽一個½"的孔，供電源線穿過。

2. 基座和插座

請將電源線連接到電磁鐵座上，然後關閉盒子。如果雪茄盒太深，則應將電磁鐵放高一點，使其儘可能靠近蓋子。我剪了一塊中密度纖維板（MDF）並將其黏在雪茄盒的底部，以縮短電磁鐵和蓋子之間的距離。

3. 移除蓋子

用廚房的開罐器移除啤酒鋼罐的蓋子。

4. 裝上電磁鐵盤

將電磁鐵盤黏在罐子底部。因為是使用鋼罐，所以不需要用到膠水，磁鐵會自己吸住。如果你是使用別種容器，則要將電磁鐵盤黏到底部。

5. 放入植物

將空氣鳳梨放到盆栽裡。

如何使用

找到最適合的漂浮點可能會有些棘手，但多試幾次之後會變得容易。請擺好底座，插上插頭，並保持金屬物體遠離，以免干擾磁鐵。請握住底座上方約15公分（6"）的磁盤。用雙手將磁盤直接放在底座中間，保持水平，直到感覺到向上的磁力支撐磁盤重量。輕輕放開，請記得保持水平。

如果失敗，你只需要抬起磁盤，然後重試。這將會需要幾次嘗試，並可能需要一些練習掌握住訣竅。

你的漂浮盆栽將會輕輕旋轉數小時，360°都能夠照射到陽光。

我使用的磁鐵是完全靜音的；絕對沒有嗡嗡聲或噪音。最重要的是，它看起來很酷！ ◾

警告： 如果沒有在在電磁鐵基座上放上襯墊（如雪茄盒蓋），不可以讓磁盤漂浮。如果磁盤直接撞到彼此，可能會損壞。

你可以至 makezine.com/go/diy-hoverplant 觀看運作中的漂浮盆栽，或是分享你的版本！

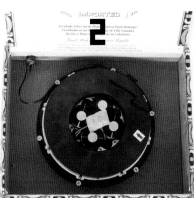

傑夫·歐森 Jeff Olson

現居美國科羅拉多州丹佛，興趣是製作 CNC 作品以及到紅石露天劇場聆聽演唱會。於 levdisplay.com 分享了許多「漂浮」作品。

時間

» 1～2小時

成本

» 140～160美元

材料

» 雪茄盒
» **啤酒罐或其他小容器** 做盆栽用。我是用鋼製啤酒罐，所以磁鐵黏在上面不需要任何膠水。如果你使用非鋼製容器，則需要塗上膠水。
» **350g（13oz）的磁懸浮裝置** 包括電磁鐵底座、用於懸浮的磁盤以及電源。我用了 Lyfe 盆栽的硬體；你可以從 Amazon #B06XSN5CX4 或在我的商店 levdisplay.com 購買。微型電磁鐵也適用於這個專題，但它們通常有較短的懸浮距離和較小的穩定性（也就是說盆栽將更容易失衡，導致擺動或掉落）。
» **小型植物** 可以使用小型多肉植物（需要土壤），但是我建議使用空氣鳳梨（Tillandsia），因為它們很輕，不需要土壤只需要少量水。

工具

» 電鑽和½"鑽頭
» 開罐器
» 膠水（非必要）

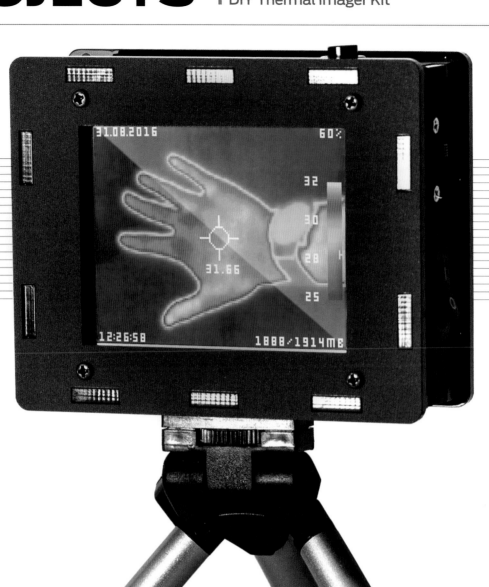

自製熱像儀

Heat Vision

我打造低成本DIY熱成像
攝影機的經驗

文：馬克斯・里特　譯：屠建明

馬克斯·里特
Max Ritter

工程師，喜歡有關科技的一切，熱愛用新的方法開創全新領域。

我這臺低成本熱成像攝影機的基本概念起源於2010年的物理課。老師買了一臺單點式紅外線溫度計，問有沒有人要用它參加當年的科學競賽。我和一位朋友提出用伺服馬達移動紅外線感測器來掃描大片區域，產生熱影像的概念。

第一臺原型就已經不只是概念驗證而已；我們用Lego Mindstorms機器人搭配電腦的感測器資料介面和Adobe Photoshop的滑鼠鍵盤自動化指令碼來產生低解析度的熱影像。我把那個設計改良後參加了隔年的競賽（圖A），命名為「平價熱成像攝影機V1」。它由一臺Arduino微控制器、兩顆伺服馬達和Java電腦程式組成，材料總成本大約才100美元。

早期版本

我在2011年贏得特別獎，並把軟硬體概念在網路上發表。獲得正面回應，很多人打造出自己的版本（圖B），也有人表示有興趣購買。這讓我在2013年中設計出第二個版本（圖C），在網路上賣給世界各地的人。當時我20歲，所以這是很重要的一步。「平價熱成像攝影機V2」具有小型LCD顯示器，可透過旋轉編碼器來控制，並能選擇把資料儲存到SD卡。

一年後，我完成了「平價熱成像攝影機V3」（圖D），納入了大型觸控螢幕、輕薄設計和速度更快的微控制器。第一到三版都採用移動單點式紅外線感測器來掃描區域的原理。這雖然有非常便宜的優點，但會需要幾分鐘的時間才能產生完整的熱影像。對很多處理移動物體的應用而言，這個方法就不適合了，所以我繼續研究替代方法。

新的感測器

FLIR的Lepton感測器在2014年上市（圖E），成為市面上第一臺低價陣列熱感

時間：
2～4小時
成本：
500～550美元

材料

» **DIY 熱成像攝影機套件** groupgets.com 這組套件包含了除 Lepton 感測器和模組之外的必要材料。請點選「Join this buy」（加入訂單）就能將 Lepton 模組和 Lepton 3.0 或 Lepton 2.5 感測器新增到訂單

或者蒐集以下材料：

» **FLIR Lepton（具快門）長波紅外線陣列感測器** v2.0、v2.5 或 v3.0
» **FLIR Lepton 擴充板介面**
» **點式紅外線感測器** Melexis MLX90614-BCF，用於測量絕對溫度（Lepton 2.5 則不需要）
» **Teensy 3.6 微控制器板** 與 Arduino 相容
» **MicroSD 卡**，Class 4，8GB
» **ArduCam Mini V2 攝影機模組**，2MP
» **顯示模組，3.2" TFT LCD** 配置：5V，排針 4 線 SPI，電阻式觸控，無字型晶片
» **鋰聚電池，3.7V**，具 JST-PH 連接器 最大尺寸 60mm×55mm×6.5mm 高
» **印刷電路板** 89.4mm×68.4mm，厚 1.6mm，2 層。你可以至 https://github.com/maxritter/DIY-Thermocam/tree/master/PCB 取得 Gerber 檔案。
» **外殼，由 3mm 黑色壓克力塑膠雷射切割** 你可以至 https://github.com/maxritter/DIY-Thermocam/tree/master/Enclosure 取得設計檔案。
» **電池充電模組 TP4057** 含充電 LED
» **升壓器，5V，U3V12F5** 亦名升壓穩壓器，Pololu #2115
» **電源開關 E-Switch #R6ABLKBLKFF**
» **按鈕 RAFI #1.10107.0110104**
» **USB 電源開關 E-Switch #EG1201A**
» **電池連接器 JST #S2B-PH-K-S**，連接 LiPo 與 PCB
» **SD 卡插槽轉接器 Wurth #693063020911**
» **MicroSD 轉接器**
» **顯示器連接器**，40 針，2.54mm 排針座
» **Lepton 板連接器**，8 針，2.54mm 排針座
» **排針**，40 針，2.54mm 排針
» **鈕扣電池座 Keystone #3001**
» **電池，CR1220 鈕扣型** 用於即時時鐘
» **電阻，4.7kΩ ¼W 1%**（4）

» **電阻，10kΩ ¼W 1%**（2）
» **雙面膠帶**
» **MicroUSB 線**，角型
» **三角架，迷你型**
» **三角架插孔**，¼-20
» **螺絲，M2×10mm**（6）
» **螺絲，M2×8mm**（5）
» **螺絲，M2.5×6mm，黑色**（8）
» **銅柱，M2×3mm**（6）
» **銅柱，M2×3.5mm**（2）
» **銅柱，M2.5×12mm**（4）
» **銅柱，M2.5×11mm**（4）
» **銅柱，M2.5×5mm**（4）
» **螺帽，M2**（5）
» **塑膠螺帽，M2**（6）
» **墊圈，M2**（3）

工具

» 烙鐵與焊錫
» 鉗子
» 剝線鉗
» 螺絲起子
» 萬用電表

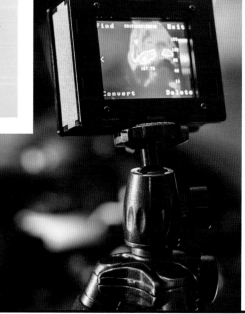

Max Ritter

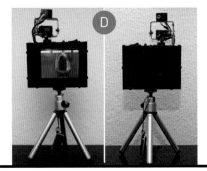

測器,而我把它納入新版本的設計,打造出「DIY熱成像攝影機V1」,從掃描的原理進化到高解析度的即時熱影像,也是成為FLIR和FLUKE等大廠產品替代方案的起點。

DIY熱成像攝影機的第二版再度獲得多項升級,包含支援Lepton 3.0感測器(解析度提升為四倍)、更強大的微處理器、更好更快的視覺攝影機,和可卸式的儲存裝置。新的視訊輸出模組更提供串流熱成像攝影機視訊輸出信號的功能。

DIY熱成像攝影機的一大優勢是提供開源軟硬體,讓大家依需要來改造或做為熱成像領域開發的起點。機上的韌體可以透過方便的觸控選單操作,且提供不同色調、分析和儲存方式等多種功能。針對電腦上對熱影像和視訊的分析,DIY熱成像攝影機的原始檔案和ThermoVision完全相容。這個強大的應用程式由一位柏林的程式設計師開發。另外也有讓電腦串流熱影像資料並具有一些分析功能的Python應用程式。

做中學

研究過程中我遇到很多挑戰,大部分我都能解決,解決不了的時候就得找一些不尋常的方法。例如在設計外殼時,我起初想要用3D印表機來製造,但後來發現即使用比較高階的印表機,還是要在列印後做很多手工修飾,效率太低。射出成型也不能列入考慮,因為要生產的件數少,開模的成本太高。最後的決定是用雷射切割,這是不需後續處理又相對便宜的技術。我在德國找了一家公司來幫我把黑色壓克力切割成外殼。

我學到的一件事是不要把出貨時程訂太緊,因為不可能避免無法預料的問題。我給自己的原則是訂出時程後把它加倍。如果提前完成,不會有問題,因為永遠有可以改進的地方。

這個專題用到的知識我全部都是從網路和書籍學到的,幾乎沒有人幫我。這是挑戰很高的做法,但我學到很多!專題經過了很多階段,例如製作原型、挑選元件和材料、做容易組裝的設計、品質檢驗、全球出貨、行銷和客戶連繫等等。中間很多事情都是在嘗試中學習,而且那幾年真的

開始打造！

如果買了套件，組裝的過程就相當單純，視焊接的速度而定，只要2到4小時就能完成。在GitHub頁面（github.com/maxritter/DIY-Thermocam）可以找到所有步驟和圖片。記得和我們分享成果！

犯過很多錯誤。然而這些錯誤都成為我現在擁有的經驗，所以是值得的。我甚至敢說在這個專題上學到的比在學校待五年還多。對我而言，實際去經歷挑戰是讓自己人生和技術上成長最快的方法。

傑森・蘇特
Jason Suter

專業工程師和熱情的改造者。從有記憶開始就在製造東西了，對會動的東西特別感興趣。3D列印的出現開啟了他全新的創作世界，尤其讓他可以自製過去不曾想過的特製遙控車。

時間：
1週
成本：
50~70美元

材料

» Arduino 微控制器
» 伺服馬達，R/C，9G 或更小的伺服馬達
» NeoPixel LED 燈環，16 顆 LED（2）Adafruit #1463，adafruit.com
» 手機充電器
» USB 連接線
» 旋轉編碼器（附按鈕），12mm 軸心 沒有定位裝置的更好
» M3 型螺帽（5）
» M3 型埋頭螺絲，6mm（5）、10mm（20），8mm（9）
» 栓子，3mm×15mm（5）可以從 3mm 粗的拋光木棍或螺紋桿上切割下來，或把螺絲頭切掉
» 不鏽鋼線，直徑 1mm ~ 2mm（長約 20 公分）
» 推桿連接器 用於伺服馬達，例如 Du-Bro 或 Sullivan 製造的

3D 列印部件

» STL 檔案 請至 myminifactory.com/object/37752 取得
» 3D 列印線材 推薦環乙二醇（PETG）

軟體

» Arduino IDE 程式 可免費至 arduino.cc/downloads 下載
» Adafruit NeoPixel 和 TiCoServo 函式庫，可以在 github.com/adafruit/Adafruit_NeoPixel 和 learn.adafruit.com/neopixels-and-servos/the-ticoservo-library/ 免費取得

工具

» 3D 印表機，列印平臺尺寸至少 6"×6"
» 強力膠
» 弓鋸
» 鑽頭，尺寸 3mm ~ 5mm 用來挖洞
» 雙面膠或絕緣膠帶
» 螺絲起子
» 美工刀或雕刻刀 用來清理部件
» 烙鐵及銲錫
» 束線帶（非必要）

Blooming Flower
Night Light

會開花的小夜燈

動手製作這盞內建微控制器的LED夜燈

文：傑森・蘇特　譯：葉家豪

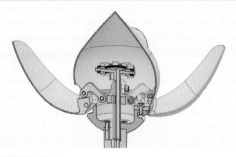
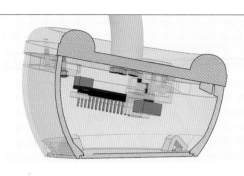

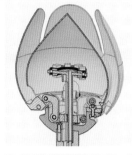

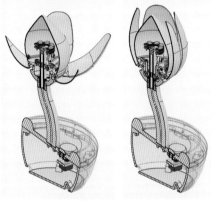

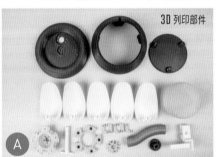

3D列印部件

A

B

C

D

E

F

注意： 請確保所有轉軸式部件盡可能順暢地滑動。若需要，可以用3.5MM的鑽頭清理並擴大孔洞。

最近我被指派一項單純的任務，要為我即將出生的寶貝女兒做一盞夜燈。但出於職業習慣，我稍微做地過頭了一點，做出一盞全手工、可連接Wi-Fi、3D列印製造的夜燈。不幸的是Wi-Fi連線功能真的是過頭了，從來沒用到過。除此之外，出於我的習慣，燈座底下也塗了太多熱熔膠。所以這個修正版本是比較整潔、簡單的夜燈，用按鈕來控制開關燈，而且使用的零組件是非常容易取得的Arduino和Adafruit。

在這個夜燈花朵的中心，是用電線連接控制、沿著花朵軸心上下移動的裝置，它會來回拉／推動連接裝置，讓花瓣開闔。全彩燈光則是來自於兩組互相貼合的NeoPixel LED燈環。

列印部件

請至myminifactory.com/object/37752下載STL檔案，然後用3D印表機印出來（圖A）。儘管幾乎所有的材質都能做出這個設計圖，PETG是最理想的材料，因為它可以彎曲，而且層間黏著性很強，這兩個特性正好適用於厚度很薄的部件（例如花瓣），也可以承受某種程度的凹折。

你可以至makezine.com/go/bloomingflower-night-light觀看更多列印技巧。

組裝機構

所有的機構裝置和電子元件都會固定在夜燈底座（花盆）頂部，這樣整個系統很容易組裝完成，最後再把「花盆」安裝上去即可。你可以在專題網頁開頭的影片看到實際組裝過程。

1.測試花瓣密合度

首先，請確定每一片花瓣用3mm軸心固定時都可以順暢移動（圖B），若有需要請打磨清理每個小孔。如果找不到3mm長的軸心，那麼15mm～22mm長的螺紋桿或用鋼鋸切去頭部的螺絲同樣適用。然後先拆掉花瓣。

2.安裝M3螺帽

在「花托」底部的5個六角形凹槽中各放入一個M3螺帽（圖C）。如果因為3D列印機的公差設定因素導致螺帽難以安裝進六角形凹槽，可以用烙鐵加熱螺帽後，再小心地將螺帽壓進凹槽裡。

3.結合花瓣和莖

用3mm×15mm的軸，將花瓣固定懸吊在花托的底部。然後把花托開口翻過來朝上。再用五個M3×6mm螺絲穿過先前固定好的M3螺帽，把所有部件固定住（圖D）。接著確定所有花瓣都保持活動無礙的狀態後，把「莖」接上花托，並用五顆M3×8mm埋頭螺絲固定住兩個部件（圖E）。

4.加上聯動裝置

用M3×10mm的螺絲把五個L形「聯動部件」的長邊端點固定到「星形聯動底座」上（圖F）。所有的聯動部件用螺絲完全固定至長邊的一端後，應該要能維持活動的狀態。

接下來請將五個L形聯動部件的另一端用M3×10mm螺絲與花瓣鎖在一起，然後再確認所有的聯動部件都能在螺絲固定處維持活動（圖G）。並且確認星形底座和莖上要讓電線穿過的洞是否有對齊。

5.把莖埋進花盆

用五顆M3×10mm螺絲把「莖」和「花盆頂部」鎖在一起（圖H）。再把「軸心」的部份穿過星形底座直至花托，不過先不要把這些部件黏在一起。

6.安裝連接線、測試聯動裝置

將鐵絲從星形底座的上方往下沿著莖穿

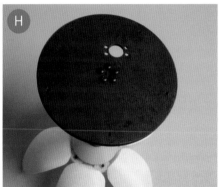

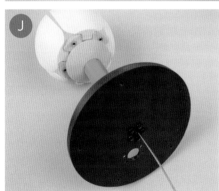

過去。用一點強力膠把鐵絲跟星形底座連接的地方黏住（圖**I**）。多餘的鐵絲先讓它留在花盆底部（圖**J**），頂部多餘的鐵絲則先剪掉。

接下來很重要，抓住「莖」底下的鐵絲輕輕推／拉，確認之前組裝好的聯動裝置能夠順暢無礙地滑動（視實際情況，如果各個部件固定得很鬆散的話，你可能需要手動固定住軸心，如圖**K**）

7. 接上軸心

先將軸心部件拿開、將它穿過要放在下半部的NeoPixel LED燈環、再重新裝回軸心部件、然後滴一滴強力膠將軸心部件固定在碗狀部件上。這裡要注意的是，底部的LED燈環一定要先安裝（正面朝下），因為你沒辦法從軸心部件的上半部安裝它。

組合電子元件

這個專題採用的是Arduino Nano微控制器，不過幾乎與每一種微控制器都能相容，尤其是能跟Adafruit的Arduino函式庫相容的型號。請透過Arduino IDE軟體（arduino.cc/downloads）來設定你的Nano微控制器。

電路接線（圖**L**）則相當簡單。三個獨立的子系統：伺服馬達、LED燈環、以及旋轉編碼器，全部透過Arduino電路板來溝通，而且可以個別測試其功能。

1. 安裝函式庫

用Arduino函式庫管理員來安裝：
» Adafruit NeoPixel LED燈環函式庫
» TiCoServo函式庫

2. 安裝微控制器

Arduino Nano微控制器只要簡單的用束線帶固定或用雙面膠黏在「電子元件架」上。至於微控制器的哪一面要朝上，可依個人喜好決定，看你是想要「腳位朝上」然後用跳線控制電路（圖**M**），或是想要「腳位朝下」然後將微控制器直接焊在電路板上。選擇「腳位朝下」的方式時比較容易看清楚電路板上的標示圖案。

3. 安裝旋轉編碼器

用廠商隨附的螺帽將旋轉編碼器鎖在「電子元件架」上（圖**N**）。

4. 裝上元件架

用4個M3 x 8mm埋頭螺絲來將裝上編碼器和微控制器的電子元件架固定到花盆頂端（圖**O**）。

5. 裝上伺服馬達

將推桿連接器接上伺服臂，再將伺服臂安裝到伺服馬達上，但先不要用螺絲鎖緊。用黏著力強的雙面膠將伺服馬達黏到「花盆」上緣，讓推桿連接器與「莖」上的電線孔對齊。等到步驟7測試完伺服馬達的動作範圍後，再將伺服臂鎖緊。

6. 將伺服馬達接上線

由於Adafruit NeoPixel LED燈環的函式庫會和標準化的Arduino伺服馬達函式庫互相衝突，因此，在伺服馬達上安裝能與脈衝寬度調變訊號（PWM）相容的針腳，就成了非常重要的事，這樣「TiCoServo」函式庫才能正常使用。接線方式如下：
» Arduino 5V連接伺服馬達5V
» Arduino GND連接伺服馬達接地線
» Arduino D10連接伺服馬達的訊號端

7. 測試伺服馬達動作範圍

用位於github.com/ossum/bloomingossumlamp的*servoLimitTest*草稿碼快速測試伺服馬達在對應夜燈開／關時的位置。首先將伺服馬達擺到正中間位置，先不要裝上伺服臂，以免不小心弄壞。草稿碼的使用說明也包含在程式碼中了。
» 確認草稿碼中的**servoPin**參數對應到連接伺服馬達的腳位
» 上傳草稿碼至Nano，開啟Arduino序列監控視窗，接著
  » 輸入字母**q**或**e**來測試伺服馬達向外移動的極限
  » 輸入**w**來移動伺服馬達到中間點
  » 輸入**o**或**p**使其來回移動（直到極限為止）
» 伺服馬達目前所在位置數值會顯示在序列監控視窗上，因此你可以在程式碼中自行設定想讓伺服馬達移動的範圍。

8. 將NeoPixel LED燈環接上線

NeoPixel LED燈環其實是一系列可單獨設定的WS2218 RGB LED，這表示LED燈環可以互相串接，只要將一個燈環的資料輸出端Data Out（DO）與另一個燈環的輸入端Data in（DI）相連即可。將三條電線穿過「莖」（圖**P**）並依照下列說明連線：
» Arduino 5V連接兩個LED燈環的Vin
» Arduino GND連接兩個燈環的GND
» Arduino D4連接第一個燈環的輸入

端（DI）

第一個燈環的輸出端（DO）連接第二個燈環的輸入端

9.測試LED

在整個作品持續加工的過程當中測試每一個電子元件，會是相當聰明的做法。用Adafruit的草稿碼 *strandtest* （ github.com/adafruit/Adafruit_Neopixel/tree/master/examples/strandtest ）來確認LED燈環都有確實運作（圖 Q ）。確認草稿程式碼中的腳位參數是否已正確設定（在這個專題裡要設定D4）。現在你可以將兩個LED燈環都安裝到軸心上了，另外再貼一些雙面膠固定。

10.將旋轉編碼器接上線

由於每一個旋轉編碼器會有不同的針腳輸出，因此記得要仔細閱讀資料說明書或在編碼器上做記號，以分辨不同的針腳輸出。編碼器的程式碼是用硬體中斷來控制，因此必須要使用Arduino電路板上能接收中斷信號的腳位：

- » Arduino上的D2與編碼器上的A針腳連接
- » Arduino上的D3與編碼器上的B針腳連接
- » Arduino上的接地線與編碼器上的接地線連接
- » Arduino上的D7與編碼器上的SW端子連接
- » Arduino上的接地線與編碼器上的開關連接

接線完成後（圖 R ），可以用 *Flower lamp* 草稿碼（ github.com/ossum/bloomingossumlamp ）來測試，確保每一個腳位都已正確接線。這時候可以透過Arduino電路板上的序列監控視窗來看旋轉編碼器轉動和開關切換時輸出的訊息。

11.安裝底座和散光燈泡

當所有部件都測試完畢後，請用10mm螺絲將「花盆」底部和底座鎖在一起。最後，將散射光球上的卡榫壓進花托後固定（圖 S ）。

個人化照明

這個夜燈完全是由Arduino電路板上5V的USB輸入端來供電，所以任何舊的手機充電器都能適用。另外這個夜燈設計的出發點就是愈容易操作愈好，所以簡單

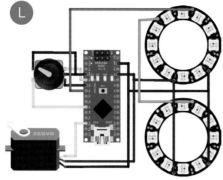

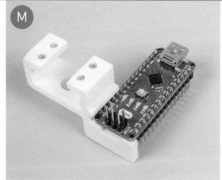

按下按鈕就能開／關燈，然後扭一下把手就能改變燈光顏色。

除此之外，這個夜燈還有無窮無盡的自由設定空間，也可以將這個專題變成學習編寫程式碼的練習。或許你想讓夜燈在30分鐘後自動關閉，或讓燈光顏色慢慢改變；又或許你會想安裝Wi-Fi模組、讀取天氣網頁取得日落的時間或太陽下山後自動開啟夜燈。 ◐

Jason Suter / created with Fritzing

惡作劇蜂鳴器電路
Annoy-O-Bug

把這個簡單、便宜還會閃閃發亮的蜂鳴器
小電路藏起來捉弄你的朋友吧！

文：艾力克斯・沃夫　譯：Madison

**艾力克斯・沃夫
Alex Wulff**

年僅18歲的沃夫來自紐約州
北部，是一名應用程式開發
者和Maker。他喜歡嵌入式
系統，喜歡用硬體解決社區問
題。你可以在Alexwulff.com
看到他的作品。

時間：
1~2小時
成本：
5~10美元

材料

» **PCB，訂製款** 購買自
OSH Park，或是你可以至
oshpark.com/projects/
XoCU9Yxf 下載 Gerber 檔
案。
» **壓電式蜂鳴器**，直徑 12mm
» **通孔 LED**
» **電阻**，330Ω，1/8W 注意：
這塊 PCB 只適用 W 電阻。
» **鈕扣鋰電池**，3V，CR2032
» **夾式電池座**，
CR2032 如 amazon
#B00GYW39KG，
amazon.com
» **Atmel ATtiny85** 微控制器
IC 晶片，DIP-8 封裝
» **DIP-8 插座** 選中間有孔洞的。
» **滑動開關**，3 針腳，單刀雙擲
（SPDT），可適用麵包板
若要為 ATTINY 編寫程式：
» **Arduino Uno**
» **10μF 電容**
» **跳線**

工具

» **烙鐵**，細尖頭至中等頭皆可
» **剪線鉗** 用來剪元件導線
» **焊錫**

Hep Svadja, Luke Arztz

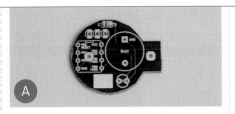

A

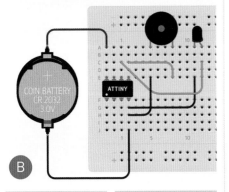

B

C

D

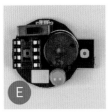

E

F

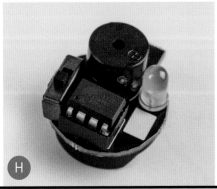

G

H

這是個人人都可以做來捉弄親友的小小電路。它有一顆可以發出整人用刺激聲響的壓電式蜂鳴器,以及一顆能閃爍整夜的LED。這個電路板非常小巧簡單,任何人都可以在幾分鐘之內組裝完成,但也有許多變化空間讓你可以寫出不同的程式,玩味好幾個禮拜。就用這個簡單的專題來鍛鍊你的焊接、寫程式和發明創造的能力吧!

1. 購買電路板

你可以在OSHPark oshpark.com/projects/XoCU9Yxf購買印刷電路板(圖A)。你不一定要用ATtiny微控制器或PCB,因為這個電路只需約20分鐘就能在任何麵包板上組裝完成。不過,如果你希望電路板很小的話,我會選用PCB。如果想用麵包板或洞洞板製作,可以參考圖B的麵包板版本線路。你可以將ATtiny85替換成任何一種微控制器。

2. 焊接無極性元件

此專題中的滑動開關、電阻和DIP插座都是無極性的,也就是說,焊接時元件的方向並不重要。請將它們全部焊接到PCB上(圖C)並確保各接點連接牢固,接著剪去PCB背面多餘的導線。

3. 焊接極性元件

LED(圖D)和蜂鳴器(圖E)都有極性,所以這些元件的焊接方向非常重要。LED較短的導線是負極(-),要穿過PCB上白色矩形對面的孔,長導線是正極(+),要穿過較近的孔。蜂鳴器短導線(標有負極的那條)穿過方形焊接點,正極導線穿過圓形焊接點。同樣剪掉多餘的線。

4. 焊接電池座

這個專題唯一棘手的地方就是焊接電池座。首先,請確認正面所有組件都焊接完成。接著,請將電池連接器的接地腳(圖F)穿過DIP插座中間的孔,焊接至焊點上。正極導線相較之下比較容易。現在,請放入電池。

我還在PCB上加了一個白色的網印矩形,如果你想給被整的人留下訊息,這可以派上用場。如果你想自製個人化PCB,可以先至circuits.io/circuits/2677013-annoying-circuit複製我的circuits.io設計。

5. 探索軟體

我在github.com/AlexFWulff/Annoy-O-Bug建立了許多不同的程式碼範例供你使用。但你不必完全使用我的,可以加上你自己的東西。舉例來說,你可以改進我原本的設計,將LED變成只會在夜晚閃爍的光感測器。

6. 將程式寫入 ATtiny

在將ATtiny85插入DIP插座之前,請先將它插上麵包板,寫入程式(圖G)。網樂上有豐富的教程,示範如何使用Arduino Uno編寫程式,其中,我特別喜歡這一個:create.arduino.cc/projecthub/arjun/programming-attiny85-with-arduino-uno-afb829。

7. 將 ATTINY85 置入 PCB

請務必注意ATtiny85在DIP插座中的方向。ATtiny85左上角的圓點要位於最靠近滑動開關的插座側,而非靠近LED側(圖H)。

開始惡作劇吧!

現在,你有一個功能完備的整人玩具了!花費可能不到5美元,而且做愈多個,單價就愈便宜。

找一個放置這個整人玩具的地方本身就很有趣。因為體積夠小,你可以放在盆栽、小盒子、枕頭、桌燈內側、書桌以及任何你想像得到的地方!加上一塊磁鐵,嘗試丟到金屬材質、不易取得的地方。如果使用看門狗計時器讓ATtiny進入睡眠狀態,鈕扣電池可以運作一年以上。◐

三擺諧振記錄器
hree-Pendulum
larmonograph

一張可以繪出獨特迷幻圖畫的搖擺藝術桌

文：卡爾・史敏斯 譯：屠建明

卡爾・史敏斯
Karl Sims

數位媒體藝術家，也是
特效軟體開發人員。他
是 GenArts 的創辦人，
畢業於 MIT。

時間：
一個週末
成本：
200～250美元

材料

» 合板 ¾"×3'×3' 用於桌面
» 木材，1½"×1½"×40"（4）即 2×2 木材，共約 14'，用於桌腳
» 木板，厚 ½" 或 ¾"，8"×12"（4）共約 4'，用於桌腳斜撐
» 木釘，¾"×4'（4）用於擺錘和筆升降器
» 橡木，¾"×1½"×30" 切割做為擺錘及鎖緊夾板等
» 硬紙板或合板，1/8"×11"×11" 用於放置紙張
» 金屬短管，¾"×5"（3）
» 金屬管襯套，¾" to 1"（3）
» 金屬夾，1"（3）
» 金屬板，1¼"×4"（4）你可以將兩塊 1¼"×8" 金屬板切半
» 大金屬墊圈，外徑 2½"、內徑 1" 用於環架
» 羊眼螺絲 用於筆升降器
» 螺絲，#10，各種長度：1"、1¼"、1½"、1¾"、2"、3"
» 一些細釘子
» 配重物，2½lb，附 1" 的孔（8～12）
» 輕木棒，½"×¼"×30"（2）加一兩根備用
» 各種筆 我喜歡用 Silver Uni-Ball GEL Impact、Staedtler Triplus Rollerball、Pigma Graphic 1 和 Sakura IDenti-Pen。粗筆和細麥克筆效果最好
» 細繩
» 橡皮筋
» 紙，8½"×11" 或 9"×12" 黑色和白色

工具

» 電鑽和鑽頭 包括 ¾" 與 1/8"
» 鑽孔器或孔鋸，3" 你也可以使用弓鋸
» 鋸子
» 鐵鎚
» 捲尺
» 銼刀
» 砂紙
» 膠帶
» 黏膠
» 鑽床（非必要）

諧振記錄器是透過擺錘搖晃來畫圖的**機械裝置**，據信為蘇格蘭數學家Hugh Blackburn於1844年發明。我的三擺旋轉諧振記錄器，側邊兩個擺錘互相呈直角來回搖擺（一個左右、一個前後），並且有手臂和一支筆連接。第三個「旋轉」擺錘則沿著各個軸向搖晃或以圓周運動來移動紙張。

這臺諧振記錄器可以畫出變化多端的優美圖樣，而且打造方法相當簡單，很適合和小孩子一起做，創造出數不盡的幾何設計。以下是自己打造一臺的方法。

諧振記錄器的組成部件包含：

桌子

桌腳長約37"（如果要通過門口來搬運就做短一點），並且稍微向外展開，讓旋轉擺錘不會撞到桌腳。桌腳與桌面連接，以支架固定（圖 A）。

擺錘孔

桌面上要鑽三個直徑3"的孔來讓擺錘通過。旋轉擺錘的孔要在角落距離兩個邊8"的交點上，剛好不會碰到下方的桌腳支架。另外兩個孔要和第一個對齊，距離和旋轉擺錘孔共用的邊約8"，距離對邊3"（圖 B）。可以用特殊的圓形大鑽頭（Forstner鑽頭）或孔鋸（hole saw），或者先鑽小孔再用線鋸拓寬。

支撐板

兩個橫向擺錘孔的兩側各安裝金屬板。每個金屬板的中央都鑽一個凹洞（圖 C），但除非你有一臺好的鑽床才建議如此。比較簡單的做法是用突出螺絲做出支點方塊後，再打出桌面上的凹洞，才能精確對齊。

擺錘與支點

擺錘軸放置在硬橡木方塊支點上，讓它們以輕觸桌面的高度搖擺。兩個側邊擺錘要用長5"的木塊來做，旋轉擺錘則用2¼"長的木塊。在每個木塊的中央鑽一個¾的孔，並在每一端都放入一根1¼"的#10螺絲。如果還沒在金屬板打出凹洞，現在就用小鑽頭（如⅛"）來鑽，接著用較大鑽頭（如¼"）加大。小心不要鑽透

金屬板。接著將螺絲尖端放在凹洞上。

製作擺錘的方法是將木釘插入每個支點方塊的¾"孔（圖 D），讓螺絲尖端離木釘頂端12"並朝下。擺錘要吊掛在桌面下36"、離地面約1"之處。將木釘用黏膠或螺絲（或兩者一起）來固定。

環架

環架（gimbal）讓旋轉擺錘能沿著任何方向擺動。用螺絲將方塊（可能要打磨邊緣來產生足夠間隙）固定在桌子底面，調整螺絲，使其從兩邊以斜角向上突出（圖 E）。

在墊圈底部鑽出對應的凹洞，接著在相差90˚度的位置從頂面鑽出第二組（圖 F）。墊圈會擺在螺絲上，而擺錘在墊圈上。

配重物

將配重物放上金屬短管，並以襯套從較低一端鎖上固定，接著將它們套上擺錘木釘。擺錘下方有鋼夾防止它們滑落，也讓我們容易調整重量來產生不同的擺動頻率（圖 G）。

紙張平臺

從旋轉擺錘木釘的頂端切掉約1"，讓它比其他兩根稍低一點。接著將11"方形木板裝在這個擺錘上方，以一小塊橡木黏上去為支撐，上面有給木釘使用的¾"孔。在木釘頂端纏繞一些膠帶，讓它能緊緊鎖入；直接用黏膠也可以（圖 H）。

用橡皮筋（圖 I）或小夾子來固定紙張。

手臂

用細釘子將一根輕木棒固定到各個橫向擺錘上。在輕木棒中來回稍微扳動釘子，讓手臂順暢旋轉並稍微上下移動。釘孔會隨著使用次數增加慢慢變鬆。

至於筆的升降器，請在一根手臂末端鑽一個½"的孔，接著從手臂中央往下切約4"，形成曬衣夾的形狀（圖 J）。或者可以在手臂末端直接黏一個真正的曬衣夾（圖 K）。用對折的橡皮筋將兩支手臂固定在一起。

筆升降器

為了讓筆在不干擾擺錘動作的前提下輕

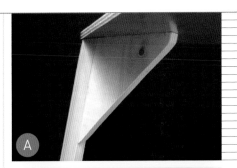

A

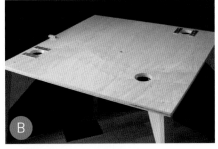

B

C

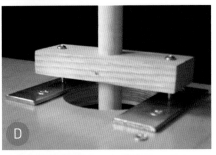

D

E

F

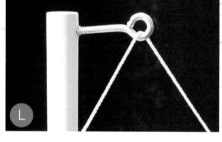

輕升降，需要將一根30"的木釘插入桌子接近中央的孔，在剛好不會撞擊紙張平臺的距離（距離旋轉擺錘孔約12"）。在桌面下裝一個橡木方塊讓孔更深，支撐更穩。在輕木棒與手臂連接的地方綁一條細繩，並穿過柱子頂端的羊眼螺絲（圖 L），再往下拉到小鎖緊夾板（圖 M）或溝槽，讓它把筆固定在紙張上方，聽從我們控制而下降。

開始搖擺

放好紙張，裝上筆，讓它搖擺吧！一開始先搖晃擺錘底部的配重物，調整它們的頻率，儘量接近同步。搖動擺錘，讓筆在紙張上移動，接著再輕輕把筆降下，觀察它畫出怎樣的圖。

你可以進一步嘗試調整擺錘上配重物的高度，或增減配重物。

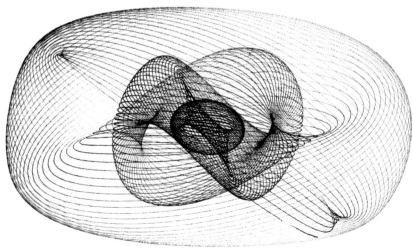

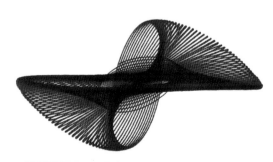

你可以至 makezine.com.tw/make2599131456/build-swinging-art-table-uniquely-hypnotic-drawings 觀看三擺諧振記錄器運作的樣子，或是了解更多關於雙擺和三擺等資訊。

隨機亂數藝術
Luck of the Draw

用隨機亂數產生器打造能產生抽象畫的藝術機器人

文：賴瑞・柯頓　譯：花神

賴瑞・柯頓
Larry Cotton

半退休電動工具設計師，兼職社區大學數學教師。熱愛音樂和樂器、電腦、鳥類、電子學、設計家具和他的妻子——非依喜愛順序排列。

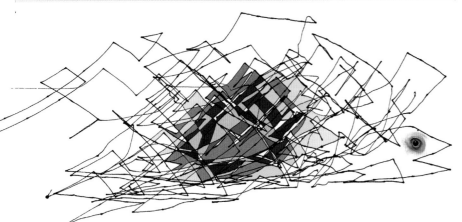

時間：
一個週末
成本：
50~100美元

材料

畫筆控制裝置：

» **你慣用的微控制器** 如 Arduino、BASIC Stamp 等
» **DC 齒輪馬達，12V，約 120rpm（2）** 如 Uxcell #JSX69-370、Amazon #B01N1JQLGF 等
» **電晶體，NPN 型（3）** 如 2N2222、2N4401 或 2N3904 等，我的 RNG 電路用 2N2222 金屬外殼電晶體效果最好（用來產生隨機雜訊）
» **電阻，4.7kΩ（3）和 1MΩ（1）** 用於隨機數字電路
» **電容，0.1μF**
» **齊納二極體，4.7V，1N750**
» **免焊麵包板或電路原型開發板**
» **雙 H 橋馬達控制模組，2A，L298N 型** 如 Amazon #B014KMHSW6。我用的是 Tronixlabs L298N2A，上面就有 5V 穩壓器，可提供 Arduino 所需電源
» **電源供應器，12VDC，750mA 以上** 如 Amazon #B019Q3U72M
» **機械螺絲，3mm（4）** 用於安裝馬達
» **畫架** 我自己用三角架做了一個，不過你也可以直接買一個便宜的畫架，再用螺絲將馬達裝上即可
» **透明壓克力板，厚 1/8"，約 3"×5 1/4"**
» **縫紉機線軸（2）** 如 Amazon #B008MM5BDE
» **編織釣魚線，4' 或更長**
» **電子線，22ga 左右，大約 20"**
» **紙膠帶**
» **簽字筆（幾支）** 其他類似的筆也可以

製作三腳架（非必要）：
» **白板或厚 1/4" 的合板，約 16"×20"**
» **三腳架**
» **合板，厚 1/4"，約 8"×14"**
» **木塊，約 3/4"×1 1/2"×14"**
» **鋁條或支材，厚 1/8"，大小約 1/2"×2 1/2"**
» **螺絲或旋鈕，螺紋規格為 10-24、10-32 或 1/4-20**

工具

» **螺絲起子**
» **鋸子或雷射切割機（用於裁切壓克力）** 可以用鋸齒比較細的手鋸、帶鋸或（有點危險的）線鋸，顛倒放之後用夾鉗固定
» **焊鐵（非必要）**
» **鋸子（非必要）** DIY 畫架用
» **鉗子、鐵鎚、鑽頭、螺絲攻（非必要）** DIY 畫架用

隨機這個概念一直讓我著迷。而且，我相信許多人也跟我一樣，尤其是對保護個人資訊有興趣的人！喔，還有美國拉斯維加斯。

所以，我對查爾斯・普拉特（Charles Platt）和亞倫・羅基（Aaron Logue）在《MAKE》國際中文版 Vol.21〈亂數產生器〉一文中（makezine.com/projects/really-really-random-number-generater）所提到的電子亂數產生器（electronic random number generator，RNG）非常有興趣。

這個 RNG 使用了亞倫設計的簡單電路（www.cryogenius.com/hardware/rng），以下是他們的說明：「在（電晶體）的 PN 接面施加逆向偏壓，製造出崩潰雜訊，訊號經過放大之後，驅動 TTL 史密特觸發器，產生完全無法預測的雜訊，這些雜訊可以轉換成一串無限多的數位狀態訊號（高或低，1 或 0）。」

以下是我的白話文版本：如果你連接 9 個便宜的電子元件，輸送 18V 的 DC 電流，將輸出訊號傳送到微控制器的輸入腳位上，一切沒有出錯的話，你就會得到一連串 0 跟 1 的數字，完全沒有規律，你可以拿這些數字來做任何事情！

看到這篇文章的時候，我也一邊在探索 DC 馬達控制的專題應用，想要將兩者結合在一起，打造一臺繪圖機（圖A）。何不組合幾個馬達，透過隨機訊號來控制畫筆呢？

所以，我訂了一塊便宜的雙馬達驅動板，搭載 L298N 晶片，這個電路板通常用在小型機器載具（另外，這塊板子也可以控制單一個步進馬達），RNG 電路上比較少見的元件可以在 Amazon 或 eBay 找到，不過，有些元件要從中國慢慢搭船來就是了。在等候元件的時候，可以先讀一下 L298N 電路板使用方式，有幾個 Arduino 草稿碼（tronixlabs.com.au/news/tutorial-l298n-dual-motor-controller-module-2a-and-arduino）需要搞懂。

至於畫架的部分，其實只要買個便宜的畫架就行了，但是我喜歡自己動手做。我用了三腳架（攝影機用的那一種），加上一塊白板（專題用的合板也行），再加上

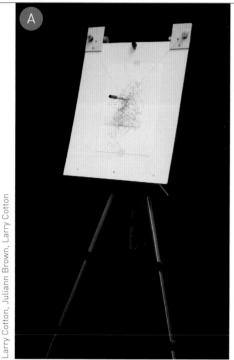

A

Larry Cotton, Juliann Brown, Larry Cotton

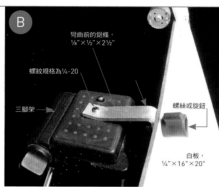

B

弩曲前的鋁條，
1/8"×1/2"×21/2"

螺紋規格為1/4-20

三腳架

螺絲或旋鈕

白板，
1/4"×16"×20"

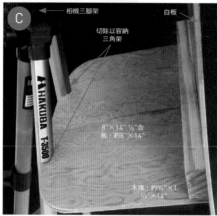

C

相機三腳架

白板

切除以容納
三角架

8"×14" 1/4"合
板，約8"×14"

木塊，約3/4"×1
1/2"×14"

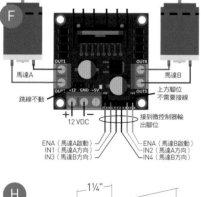

D

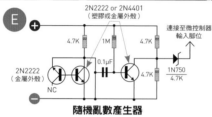

E

2N2222 or 2N4401
（塑膠或金屬外殼）

連接至微控制器
輸入腳位

4.7K   1M   4.7K

0.1μF

2N2222
（金屬外殼）
NC

4.7K

1N750
4.7K

隨機亂數產生器

F

馬達A

馬達B

OUT1   OUT4

跳線不動

上方腳位
不需要接線

OUT2   OUT3

12 VDC

接到微控制器輸
出腳位

ENA（馬達A啟動）
IN1（馬達A方向）
IN3（馬達B方向）

ENA（馬達B啟動）
IN2（馬達A方向）
IN4（馬達B方向）

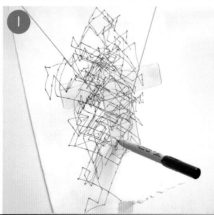

G

紙膠帶

線軸

釣魚線

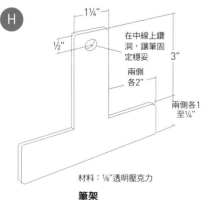

H

11/4"

1/2"

在中線上鑽
洞，讓筆固
定穩妥

3"

兩側
各2"

兩側各1
至1/4"

材料：1/8"透明壓克力
筆架

I

一些在一般店裡都買得到的部件（圖 **B** 與圖 **C**），用虎鉗和鐵鎚將鋁片折彎，用來把三腳架上裝攝影機的螺絲以及白板上的螺絲接在一起。在鋁片上鑽洞，刻上螺紋，讓螺絲可以栓進去。 注意板子要稍微往後傾一點，這樣比較容易作畫，關於這一點，等一下會詳做說明。另外，在 Instructables 上有用三腳架做的簡單版本（ instructables.com/id/Camera-Tripod-to-Art-Easel ），不過比較小一點，也比較不穩。

普拉特和羅基的版本使用2個9V電池來驅動亂數產生器。我手邊沒有9V電池，但是我找到一個115V AC電源供應器，可以供應12VDC的電壓，電流是1A，對這個專題來說是夠用。在兩個馬達都提筆作畫的時候，大概會用到0.5安培的電流，而12VDC電源也能提供L298N晶片足夠的電力。

元件抵達之後，就可以接線了（圖 **D**、**E** 和 **F**），我用的是BASIC Stamp 的 Homework 控制板，不過用麵包板或其他原型板都行。注意第一個電晶體（產生隨機雜訊的那個）只接了兩條線，第三條線要剪掉。關於這個部分，可以參考普拉特和羅基的詳細製作說明，不過我先提醒一個重要事項：「在安裝齊納二極體時，請注意陰極條紋要指向負極匯流排的反方向，跟一般二極體不同。齊納二極體會將4.7VDC以上的電壓分流並接地。」

注意：你可以忽略圖 D 右邊的麵包板，這不會產生什麼安全問題，那是 HOME-WORK 板的標準配備，不過，我還是有稍微注意，把 RNG 元件放到左邊分開的麵包板上，沒有把 HW 板燒壞。至於下拉式電阻（沒有接線的），是為了安全起見，有時候，如果你真的想要 0 值，那就要確定可以做到才行！至於 LED 則是做測試用。

在畫板上緣左右兩側裝上馬達，每個馬達都要用2個3mm的機器螺絲固定，要直接栓進白板也可以，墊一小塊合板也可以。然後，要在馬達傳動軸上裝滑輪，我用的是一臺舊縫紉機上面的線軸，不過在 Amazon 也可以買到。因為我的線軸尺寸不是很合，容易滑動，所以你可以先裁一塊圓形紙膠帶貼上（見圖 **G**），然後，在線軸之間纏上大概4'有彈性的編織釣魚線，請儘量讓兩個線軸上釣魚線的量相當，不用繞太緊，鬆鬆的即可，線頭要放在哪個線軸上都沒有關係。

接著，我們要用 1/8" 透明壓克力板來做筆架。大部分玻璃行都有賣壓克力板。依照圖 H 的範例製作，並將筆架暫時倒掛在釣魚線上做測試。

完成後，請將 RNG 齊納二極體的輸出端接到微控制器的輸入端（Arduino 或 Basic Stamp 等），L298N 板有 4 個輸入腳位來控制 2 個馬達，所以，我決定使用 RNG 產生的 4 個連續訊號，像是 0010,1010 等，都使用微控制器的單一輸入腳位。

為隨機繪圖機器人編寫程式

你可以直接從專題網頁（makezine. com.tw/make2599131456/draw-abstract-art-random-number-generator）下載我寫的 BASIC Stamp 微控制器程式碼，不過，要為你愛用的微控制器寫程式一點也不難。

1. L298N 控制兩個馬達，分別是 A 馬達與 B 馬達，你必須往 L298N 板的 ENA 和 ENB 傳送 HIGH 訊號來驅動馬達（圖 F），在程式執行期間都要保持啟動。但是處在這個狀態不代表馬達會動，因為馬達還需要知道要朝哪個方向轉才行！

2. 啟動 RNG，得出 4 個 0（LOW）和 1（HIGH）的組合。我個人偏好以變數形式儲存（例如 W, X, Y, Z）之類的，比較好懂。不過，如果 4 個剛好都是 0 的話，請再重新產生 4 個數字。要驅動畫筆至少要 1 個 HIGH 才行。

3. 前 2 位數字控制的是馬達 A，10 代表一個方向，01 則代表另一個方向，後 2 位數字控制馬達 B，原則相同。

4. 將 4 個變數值傳到 L298N 上的 IN1 到 IN4 號輸入腳位。

5. 依照剛才的描述編寫控制馬達的子程式。

6. 在程式中加入停頓與延遲，讓馬達維持運轉一段時間，直到可以畫出獨特的線

段為止，我大概都是設 100 到 500 毫秒，如果你想畫更大幅的畫，就把延遲時間加長沒關係，馬達就會運轉比較久，畫的線就會加長。

7. 畫好之後，新增子程式，將馬達煞住，若 IN1 和 IN2 都是 LOW，馬達 A 就會停下來，同樣地，若 IN3 和 IN4 都是 LOW，馬達 B 就會煞住，不需要再傳送 LOW 到馬達驅動腳位。

8. 如果你用的是 Arduino，而且有 PWM 腳位可以進一步控制馬達的速度，就能增加另一個隨機成分。

初次啟動

1. 將四股的電線從 L298N 板接到馬達上。不用在意極性問題，畢竟我們是要即興作畫嘛！

2. 將畫架往後傾 15° 或 20°，然後先不要裝筆，讓釣魚線吊著筆架，試跑看看。

3. 如果馬達不會動，或者筆架看起來不是隨機在動的話，請檢查一下電路與程式有沒有問題，需要的話，可以改變延遲時間，平衡馬達移動的誤差。

4. 現在，可以把畫紙貼到畫架的平面上。把壓克力筆架放在紙張約中央處。可能要手動捲一下線軸來調整位置。

5. 好了之後，可以把筆蓋拿下來（我喜歡用細頭的簽字筆），從筆架中間的洞穿過去，釣魚線會把筆托住（圖 I），需要的話，也可以調整一下畫架的角度。

6. 啟動程式之後，就可以退一步欣賞了！

隨機小訣竅

如果畫筆看起來不是真的隨機在動（比方說，RNG 要連續吐出 3 或 4 次 4 個 0 的機率真的很小），試了其他方法又沒有解決問題的話，那麼，請嘗試故障排除，或讓 RNG 產生幾組隨機數字，輸進電腦螢幕，稍微思考一下這些數字的意義。接著，你可以嘗試將第一個電晶體改裝成另一個金屬外殼的 NPN 電晶體，我發現對某

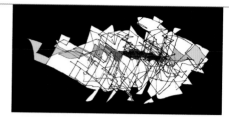

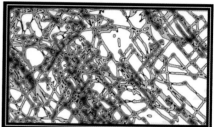

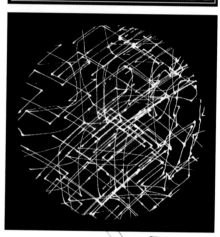

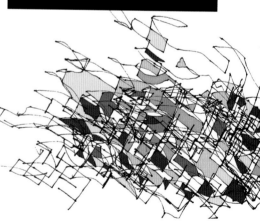

些電晶體（產生雜訊的那一顆）施壓或以 12V 電壓運作會出問題，Platt 和 Logue 的版本是 18V。

就算現在畫筆真的開始隨機移動了，有時候它還會跑到紙外面去。創作的時候有一些突發的筆觸沒什麼關係，不過我還是加了兩個開關和兩個子程式，處理「過度狂熱」的隨機筆觸。

最後，你可以用喜歡的圖片編輯軟體來進行後製，加上顏色、改變顏色、複製、旋轉、減製、填色、改變質地，都可以讓作品產生不一樣的感覺！⬡

查爾斯·普拉特
Charles Platt

著有適合所有年齡層的《Make：圖解電子實驗專題製作》及其續作《Make：圖解電子實驗進階篇》（中文版由馥林文化出版），與全三冊的《電子零件百科全書》（暫譯）。新書《MAKE：Tools》現正販售中。makershed.com/platt

時間：
2小時
成本：
20美元

材料

- » 瓦楞紙，3"×6"
- » 膠帶，寬度 ½"
- » 西卡紙，4"×6"（6）或者比較堅硬的紙張
- » 木釘，直徑 12"×¾"
- » 木螺絲，1¼"，#8 最好是六角釘，平頭十字亦可
- » 鋁管，內徑 ¾"，管壁厚度不限，長度 12"
- » 釹磁鐵，圓柱狀，直徑 ¹¹/₁₆"，長度 ½"
- » 漆包線 30G，至少 1 盎司（大約 200' 長）
- » LED，紅色，5mm
- » Elmer's 或環氧樹脂
- » 細砂紙
- » 鱷魚夾電線（2）
- » 連接線，22G、長度 6"，兩端都要剝線（2）
- » 鋁軌道，½"，長度 12"（非必要）

工具

- » 美工刀
- » 尺
- » 電鑽，附 ⅜" 夾頭
- » 鑽頭，直徑 ⅛"
- » 萬用電表
- » 夾具或夾鉗
- » 圖釘
- » 筆

神奇的漂浮磁鐵
The Drifting
Magnet Mystery

用鋁管和磁鐵來示範熱力學第一定律

文：查爾斯·普拉特 譯：謝明珊

一手拿著12"長的鋁管，另一手拿著拋光過的小金屬圓柱，把這個小圓柱體投入鋁管（圖 A），頓時間，它消失了。

它跑去哪了？不見了！它在鋁管裡面緩慢降落，而非以自由落體運動落下。五秒鐘後，小圓柱終於出現在底部，成功抵抗重力（多少有一點啦）。

設備

想要親眼見證的話，你需要一塊圓柱狀的釹磁鐵（neodymium magnet），高 1/2 直徑 11/16，如果希望效果好，釹磁鐵至少要這個大小，而且最便宜。我建議你去 KJ Magnetics 購買，他們有販售難得一見的 11/16" 尺寸，另外你還需要 12" 的鋁圓管，內徑 3/4"（內徑一般簡稱 ID）。Speedy Metals 等網路商店皆有販售，只要花幾塊美元而已。

投入磁鐵後，從鋁管的一端窺視，你會看到磁鐵竟然神祕地飄浮下降，就像在水中落下一樣。鋁管又不是磁鐵，怎麼會有這種效果呢？我在 2017 年灣區 Maker Faire 展示這個魔術時，也沒有任何觀眾知道原因。

原理

為了解釋原理，我建議你自己做一個線圈，只要比磁鐵大一點就好。我的書《Make：圖解電子實驗專題製作》裡面寫過這個實驗，但這篇文章的版本更簡易、更便宜，因為我設法使用更小的磁鐵，祕訣是在外面緊繞線圈。

在木釘（dowel）任一端，從中央鑽一個 1/8" 深的孔，插入 1 又 1/4" 的螺絲釘，只剩下 1/2" 外露，如圖 B 所示。

把西卡紙裁成圖 C 的 6"×2 3/8" 長方形，對摺後（圖 D）在其中一個邊緣貼膠帶（圖 E），膠帶黏到另一邊後，撐開呈管狀（圖 F），這時候 木釘應該可以穿過去（圖 F），如果穿不過去，那就重做一根寬一點的。

現在你需要兩個瓦楞紙環，如圖 H 所示。製作步驟為：先裁切紙環的外緣，直徑為 2"，接著把木釘放在紙環中央，沿著外圍描一圈，再裁掉紙環的內緣。用圖釘在任一個紙環戳小洞。

將包住木釘的紙管塞入瓦楞紙環中，兩個紙環間隔 1/2" 並黏好，如圖 I 所示。

現在你需要 30G 漆包線，在 eBay 就買得到。把 4" 漆包線穿過你剛剛在紙環鑽的小洞，用膠帶固定在管子上以免晃動。用夾具夾住筆，筆須大致與桌面平行（有一點斜度），上面套一整卷的漆包線。先在木釘繞幾圈漆包線，如圖 J 所示。

把鑽頭的夾頭鎖緊從木釘突出來的螺絲釘（圖 K），接著用鑽頭旋轉木釘，不斷將漆包線從線捲拉出。

30G 漆包線大約要纏個 600 圈，在夾頭貼個膠帶有助於你計算旋轉次數，但如果想要準確一點，最好不時把線捲拿下來秤重，確認你是否已經用掉 1 盎司漆包線（圖 L）。

線圈記得不要纏太緊，因為之後還要取出木釘（圖 M）。

用很細的砂紙磨去漆包線末端的絕緣層，兩端分別加上鱷魚夾電線，再來測量線圈的電阻，大約會是 20Ω，如果你測量不到電阻，或者一下子有、一下子沒有，那可能是絕緣層尚未磨乾淨的緣故。

讓磁鐵吸住木釘末端的螺絲釘，如圖 N 所示。現在重頭戲來了！在兩個鱷魚夾跳線之間安裝 LED，木釘在管內來回抽動，進而讓磁鐵驅動線圈（圖 O），LED 就會開始發亮。

渦流

全世界幾乎所有電力都是這樣發電的，唯二的例外是電化學發電（用電池）和光伏發電（太陽能板）。如果沒有人發現磁鐵可以讓線圈發電，現有的人類文明就無以存在。

你了解這個實驗和磁鐵緩慢落下的關係了嗎？試想鋁管就像只繞了一圈的超長線圈，在其中來回移動磁鐵會不會產生電流呢？在鋁管套上電子線，大約間隔 1"，接著測量毫伏，當你把磁鐵投入鋁管，或者讓它在管內抽動，就會測量到些許電流。

事實上，移動的磁鐵會在鋁管之內，產生稱為「渦流」的電流。依照楞次定律（Lenz's Law），這些電流會形成自己的磁場，剛好與磁鐵相反。

但不只如此，別忘了電流流過導體時，也會產生少許熱能。為什麼會有熱能呢？磁鐵本來就有潛在的能量，取決於它跟地

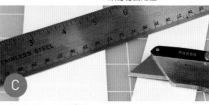

鑽頭的夾頭鎖住六角螺絲釘

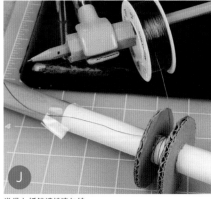

準備在紙管纏繞漆包線

3/4" 木釘末端插入 1 1/4" 六角螺絲，亦可採用一般的螺絲，但恐怕無法用鑽頭的夾頭穩穩固定住

左邊紙條的寬度是 2 3/8"

紙張裁完縱向對摺

沿著邊緣貼上膠帶

膠帶黏到另一邊後，撐開變成管狀

把木釘滑入管子

瓦楞紙環

以 Everyday Elmer's Glue 樹脂固定紙環

實驗室電子秤很好用，在 eBay 購買也不貴

纏好的線圈大約是 1 盎司的 30G 漆包線（600 圈）

釹磁鐵吸住木釘末端的螺絲釘

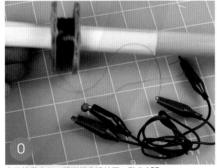

來回抽動木釘，讓磁鐵穿過線圈，點亮 LED

在鋁管切一道凹槽，讓人觀察磁鐵在裡面慢速落下

Q 磁鐵會沿著 $\frac{1}{2}$" 的鋁軌道龜速滑動，太神奇了！

心的距離，當磁鐵落下而失去潛在能量時，那股能量會在鋁管內部產生少許熱能。熱力學第一定律告訴我們，能量不會無中生有或憑空消失，磁鐵緩慢落下就顯示了這個現象。

漂浮的魔術

你可以利用緩慢落下的磁鐵來變魔術，只要有一根沒磁性的金屬棒就行了，但外觀看起來要像釹磁鐵。McMaster-Carr 等線上金屬材料商店，大多都有販售 1' 長的 $\frac{11}{16}$" 金屬棒。

用弓鋸或手持電動圓鋸的砂輪（更簡單），切割一段跟磁鐵等長的金屬棒，用細砂紙打磨拋光，我稱之為假磁鐵。

一手拿著真正的磁鐵，假磁鐵藏在你的另一手，把真正的磁鐵投入管中數次，展示漂浮的效果，然後把管子交給朋友，悄悄把真磁鐵換成假磁鐵，大家不用想也知道，它會筆直落下。

加強版

我還想到幾個加強版。在圖 P 中，我用弓鋸在管子上鋸了一道凹槽，讓大家看清楚磁鐵在管內落下的情況。

另一個方法是從五金行購買 $\frac{1}{2}$" 的鋁軌道，你可以看到磁鐵和鋁軌道之間還留有空隙，所以能夠如圖 Q 所示順利滑動。雖然下滑的速度沒有鋁管緩慢，但渦流仍會妨礙它快速滑動。

如果有人問你這個魔術的原理，你可以給他看 LED 和線圈的實驗，或者直接回他們這是熱力學第一定律的作用，我在 Maker Faire 就是這樣回答，但有些人聽了半信半疑。

想知道更多磁力學和電力學的知識，參見我的書《Make：圖解電子實驗專題製作》，如果想認識鋸子或螺絲起子等工具，參見我的書《Make：Tools》。

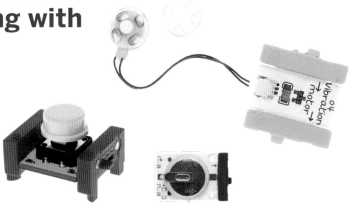
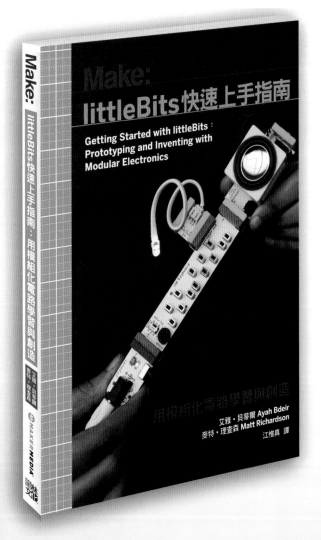
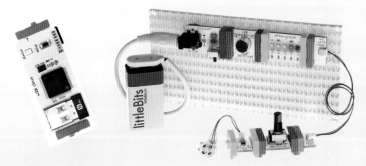

國王歐拉夫與維京太陽石
King Olav and the
Viking Sunstone

威廉・葛斯泰勒
William Gurstelle
你可以至 makershed.com 購買他的專欄著作《Remaking History》。

用偏光膜打造可以在多雲天氣定位太陽的太陽石

文：威廉・葛斯泰勒
插圖：彼得・史崔恩　譯：屠建明

時間：
2～3小時
成本：
15美元

材料

» 偏光膜，3"×3" 可以用偏光太陽眼鏡，但偏光膜效果比較好，也比較便宜。
» 玻璃紙膠帶，4½"×½" 玻璃紙是用於 CD 熱縮包裝的薄膜。這種膠帶效果最好，但 Scotch 牌的透明封箱膠帶效果也不錯。請注意，其他如 Scotch Magic 等膠帶無法使用。
» 椴木，4"×4"×³⁄₃₂"
» 標準松木材，2×2，長 2" 實際尺寸：1½"×1½"×2"。
» 工藝鏡，3"×3"

工具

» 鋸子
» 孔鋸，2¾"
» 電鑽
» 量角器
» 直尺
» 黏膠

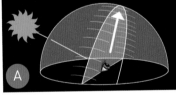

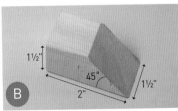

1½"　45°　2"　1½"

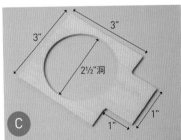

3"　3"　2½"洞　1"　1"

維京傳說講述著維京人於公元 1000 年前後的海上冒險故事。 多數的現代學者認為傳說內容以虛構居多，但其中含有的真實細節足以讓人一窺維京人的生活方式。其中一則特別有趣的故事是關於國王歐拉夫二世，這位善戰王者的名聲使他被人們封為聖歐拉夫，挪威的守護聖徒。

在聖歐拉夫的傳說中，歐拉夫要求一位名為齊格菲（Sigurd）的冰島維京人指出太陽在雲霧籠罩的天空中的位置。齊格菲回答後，根據傳說所述，歐拉夫為了確認他的答案，「拿了一塊太陽石，望向天空，看見光的來向，也就得知被遮蔽的太陽的位置」。

這個招數非常厲害。如果真的有這種可以在多雲天氣找出太陽精確位置的裝置，就能說明維京人是如何航行到格陵蘭、冰島甚至北美等遙遠地區。歷史學家和考古學家尚未找到維京人有磁性羅盤的證據，而北極星對維京航海員而言也沒有什麼幫助，因為航海時大多處於極地夏季的永日。

因此，維京人必須用太陽來做遠洋航程的導航，但在極地時常多雲的天氣下，太陽可能好幾天都不露臉。握有在多雲天氣能指出太陽位置的太陽石（冰島語：solarsteinn）會是個絕佳的優勢。

歷史學家們對太陽石的存在並無共識，但仍然有令人興奮的可能性。首先，有多個提及太陽石的不同傳說。第二，維京人並不知道有方解石和菫青石這些在特殊條件下有偏光效果的天然礦物晶體。

太陽石可能的運作原理

蜜蜂和鼠耳蝠都會告訴你，天空是極化的。一般的光會在多於一個平面上振動，稱為非極化，而極化的光只在單一平面振動。除了維京人的可能性外，這個特性直到偉大的法國科學家弗朗索瓦・阿拉戈（Francois Arago）於1812年發明極化濾光鏡後才為世人所知。因為有阿拉戈和追隨他的科學家們，我們現在知道天空的極化是因為「散射」，也就是光波在大氣中的粒子之間到處振盪。

天空的極化有趣的是，它並不是隨機的現象，而是永遠以相同的方式產生。如果我們能像蜜蜂看見極化的光，就會發現天空中有一個亮點，而這個點永遠在同一個地方：天球上和太陽90°相對的那一個點（圖Ⓐ）。如果能看到這個「點」，就能找到被雲擋住的太陽位置。

打造太陽石

礦物晶體構成的太陽石只有像歐拉夫這樣的有錢人才買得起，但用偏光膜自己打造太陽石便宜又簡單。材料費不到15美元，而且幾個小時就能完成。

太陽石製作方法

1. 首先，請用鋸子在2×2松木塊的末端切割出45°角（圖Ⓑ）。

2. 參考圖Ⓒ標記並切割4"×4"椴木板。

3. 將玻璃紙於偏光膜的極化軸45°角的位置放置，大概在方形的底部（圖Ⓓ）。拿它對著藍天並旋轉，應該會看到玻璃紙從透明變成不透明。如果沒有：（1）膠帶的種類不對，或（2）要

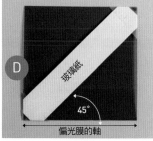

把玻璃紙膠帶的角度轉為偏光膜的軸，或（3）玻璃紙膠帶放在偏光膜錯的一邊。放置正確後，請將玻璃紙膠帶和偏光膜黏在一起。

4. 調整偏光膜，讓玻璃紙膠帶面向太陽，接著旋轉偏光膜，直到玻璃紙帶和椴木塊底緣垂直（1"耳片突出處）。再來將3"×3"偏光膜黏到孔上（圖Ⓔ）。依需要修剪偏光膜。

5. 請將帶著偏光膜的椴木塊黏到2×2木塊方形的一端，再將工藝鏡黏到木塊45°角的面上，如圖Ⓕ。偏光膜和鏡面現在呈135°角。靜置讓黏膠完全乾燥。

找出太陽！

1. 將太陽石拿在玻璃紙帶垂直、鏡面在偏光膜座下方的位置。猜一下太陽的位置，然後面對反方向。觀察太陽石時，請注意玻璃紙帶是比周遭區域暗（圖Ⓖ）或是亮（圖Ⓗ）。水平移動太陽石，直到玻璃紙帶幾乎和兩側的偏光膜顏色相同（圖Ⓘ）。

2. 現在上下移動太陽石，直到玻璃紙帶完全消失。現在面對的點就是天球上和太陽相對90°的位置。注意：至少需要一小片藍天讓太陽石瞄準。

3. 不移動頭和手，看著鏡子，鏡子的中心點就是太陽躲藏的位置。（如果太陽可見，別盯著太陽看！在晴天測試太陽石時請用紙覆蓋鏡面。）你可能需要調整鏡面的角度來取得更精確的測量結果。◐

時間：
1～3小時
成本：
0～3美元

材料

» **影印紙**，請修剪至 4¼"×8½" 的大小或是大小相似的正方形，長寬比為 1：2

» **LED（2）** 請選擇長度中等至長的接腳。並以電池測試是否能發光。

» **鈕扣電池**，3V CR2032 或類似款

» **鋁箔導電膠帶**，請剪成 1"×¼" 大小（2）你可以至五金行的熱管區找尋購買。你也可以使用銅箔膠帶（黏性面有無導電皆可）

» **透明膠帶** 任何絕緣膠帶皆可

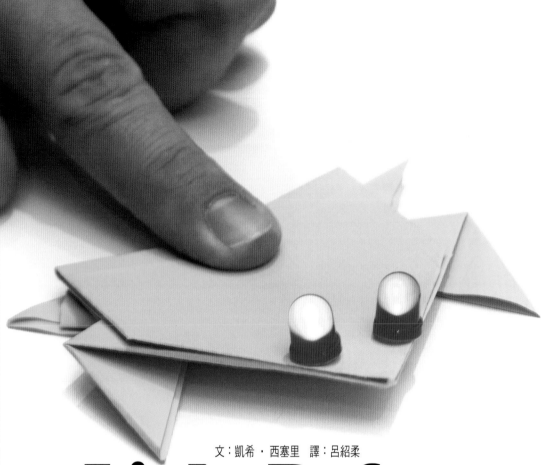

凱希・西塞里
Kathy Ceceri
最新著作為《Musical Inventions》。她過去的著作包括《Edible Inventions》、《Paper Inventions》、《超簡單機器人動手做》以及其他許多提供兒童和初學者有趣 STEAM 點子的書籍。在寫作之餘，她會在美國西北部的學校、博物館、圖書館和 Makerspaces 舉辦工作坊。她的網站是 craftsforlearning.com。

文：凱希・西塞里　譯：呂紹柔

Light Before You Leap
發光跳跳蛙

按下這隻紙青蛙的背部，
點亮LED眼睛並讓它跳起來！

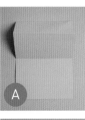
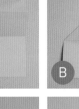

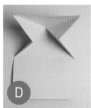

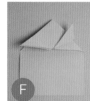

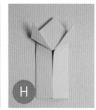

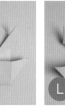

會發亮的摺紙設計已經流行了好一陣子，然而這隻可愛的跳跳蛙更把這個風潮帶往新的境界。 輕輕壓一下紙青蛙，它的LED眼睛就會發亮，放開紙青蛙後，青蛙便會跳起來。如果你很幸運，青蛙還有可能在空中翻一圈呢！

　　這隻會發亮的摺紙跳跳蛙是由IBM工程師、STEAM教育推倡者艾米・奧爾松（Emi Olsson）所設計，她的點子是從我的著作《紙藝創作》的紙張藝術點亮計劃而來。艾米在一次Mini Maker Faire和我見面打過招呼，之後她便用推特將她的發明影片寄給我，看完影片後，我知道我應該動手製作步驟說明。從那之後，這個設計就變成了我工作坊和活動的必做專題，很適合小朋友和成年初學者。

　　下面的步驟會教你如何摺出一隻最基本的跳跳蛙，不需任何摺紙經驗，只要有耐心即可——這是因為有一些較複雜的部分，可能需要試幾次才會成功。只要你的青蛙成功了，你便需要（暫時）拆解它來安裝LED。你很快便能將電路裝好，只需要用導電膠帶將LED連上電池即可。接著再將青蛙摺回去，你的青蛙便能跳躍發光了！

1. 預先摺紙

　　將上面的短邊向下摺，留下摺痕（圖A）。

　　將上面的短邊再往中間摺，留下第二道摺痕，然後將紙攤平（圖B）。將上面的其中一角向下摺至中線的對角，留下摺痕後打開，另外一角也是一樣的步驟（圖C）。

　　非必要：將下面的短邊也重複步驟2到4。

2. 摺出青蛙的頭和前腳

　　將上半部分的X型從兩邊向內收起（圖D），形成一個三角棚型，將三角形壓平。（圖E）

　　將三角形的底角如圖F和G往上摺做為前腳，並壓平。

3. 摺出青蛙的身體

　　將下面的短邊向上摺至到中線。將兩邊對準中線向內摺，摺的時候可能要將前腳抬起。（圖H）

　　再次將下面的短邊向上摺，對齊頭部的底邊（圖I）。

4. 摺出青蛙的後腳

　　將前一個步驟向上摺的底邊拉出一個角（圖J），另一角也重複一樣的動作，底邊現在看起來會像一艘船。（圖K）

　　將「船」的兩個角向下摺，兩隻角在底邊形成一個鑽石型（圖L）。

　　將鑽石的其中一半往旁邊摺，對齊鑽石邊的摺線。另外一支後腳也重複一樣的動作（圖M）。

5. 摺出彈簧摺線

　　將青蛙的下半部向上摺至中線，後腳與前腳相會（圖N）。

　　將下半部再向下摺，底端對齊中線的摺線（圖O）。用力壓出這條摺線。

　　將青蛙轉過來（圖P），試試壓下青蛙的後背部剛剛摺出的彈簧摺線，壓下後順勢滑開手指，放開青蛙。

6. 加上 LED 眼睛

　　請先確定兩顆LED都能發亮，將兩顆LED接上電池，正極的接腳（通常比另外一根接腳長）要碰到電池的正極（光滑）。

　　在靠近青蛙鼻子的地方畫上眼睛，然後拆解紙青蛙。將LED穿過眼睛處——請確保正極（較長）的接腳較靠近鼻子（圖Q）。

　　將導電膠帶的長邊向下摺，對貼，這樣可以確保導電膠帶讓LED跟電池之間有良好的連結（如果你用的是銅箔膠帶和導電膠就可以省略此步驟）。

　　在青蛙頭的內部彎曲下端（負極）接腳，讓它們彼此碰觸，用一段導電膠帶固定在紙上（圖R）。

　　彎曲上端（正極）接腳，向上摺，然後用另一段導電膠帶將正極導線包覆起來。將電池正極朝上放在導電膠帶上，用透明膠帶固定——請確保正極的那面靠近正極導線，而且沒有被膠帶貼住（圖S）。

7. 測試你的發亮青蛙

　　將正極導線向下摺，讓導線幾乎碰到電池的正極（圖T），再將紙青蛙摺回去。

　　最後的測試階段！在你輕壓青蛙後端的同時，LED應該會發亮（圖U）。你放開青蛙後，LED應該就會熄滅，然後青蛙會往前跳。

　　如果眼睛還是會發亮，請調整一下正極導線。你的發亮紙青蛙應該可以跳很多次。◐

M

N

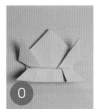
O

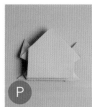
P

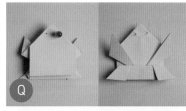
Q

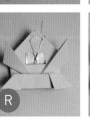
R

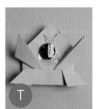
S

T

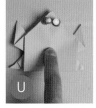
U

你可以至makezine.com.tw/make2599131456/8844972觀看這隻青蛙跳躍的樣子以及製作過程的影片。

積木世界
Building Blocks

以強大的
JavaScript與微控制
器互動，程式編輯器
*Make:Code*既快速、
簡單又充滿彈性

文：麥特・史特爾茲　譯：屠建明

麥特・史特爾茲
Matt Stultz
《MAKE》雜誌3D列印與數位製造負責人。他同時也是3DPPVD和位於美國羅德島州的海洋之洲Maker磨坊（Ocean State Maker Mill）的創辦人暨負責人。時常在羅德島敲敲打打。

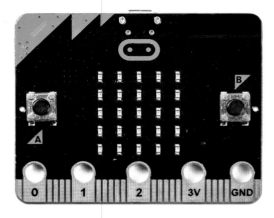

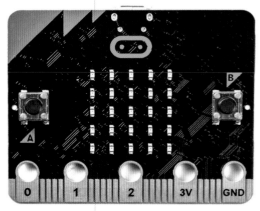

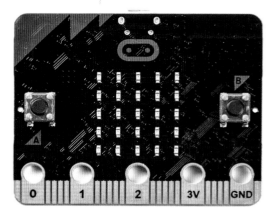

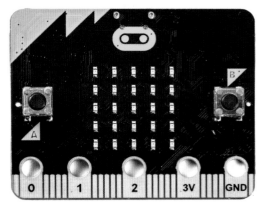

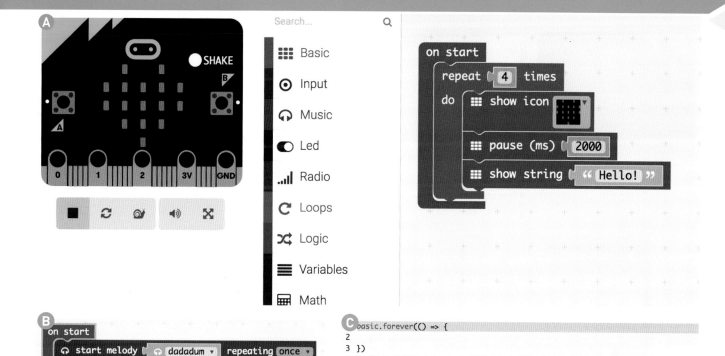

```
basic.forever(() => {

})
music.beginMelody(music.builtInMelody(Melodies.Dadadadum), MelodyOptions.Once)
```

　　程式設計毫無疑問是現在世界上最重要的技能之一。我們生活的周遭隨處都是科技,而程式設計的能力讓你能駕馭它們。程式設計入門有數不盡的方式,但大多不會像使用微控制器這樣精彩。這種微型電腦讓你與虛擬世界互動,同時延伸進入現實世界。

　　Make:Code(Make:Code.com)是微軟新推出的一種程式設計環境,它不是第一種圖像式程式設計語言,卻是我見過最棒的解決方案。這類語言不會嚴格要求使用者熟記各種具體的語法,而是讓他們透過拖放式介面來堆疊指令,寫出應用程式(圖 A)。

　　從零開始寫程式的過程,可以想成寫詩;語言裡的所有文字都可以用來寫,但需要耐心鍛鍊才能選出最適合的字來寫出順暢優美的文句。另一方面,圖形化程式設計就像用朋友家冰箱上的磁鐵來湊出句子。再怎麼不正經的派對動物也能拼出幾句打油詩,讓友人隔天打掃看到時能開心一點。

　　讓 Make:Code 脫穎而出的眾多特點之一是它不會限制只能使用程式方塊,可以和實際的程式碼視窗來回切換。把一個方塊加入程式中(圖 B),並切換到程式碼檢視時,對應的函數會以 JavaScript(JS)顯示,也就是 Make:Code 的基礎程式語言(圖 C)。當然,如果接著以 JS 對程式碼做變更,再切換回方塊視窗,方塊就會顯示變更後的程式碼。這項切換功能讓程式設計的初學者能用程式方塊入門,同時快速學會 JS 語法,可運用在 Make:Code 之外的應用程式編寫。

開發板支援

　　Make:Code 是針對實體運算設計,目前支援的開發板包括 BBC micro:bit、Adafruit 的 Circuit Playground Express、Chibi Chip 和 SparkFun 的

> JavaScript 是現代網際網路的基礎技術之一,它讓開發人員寫出多樣的應用程式,而不需永遠依賴伺服器進行運算,可以分攤一些作業給本機瀏覽器完成。Gmail、Facebook、Makezine.com,甚至 Make:Code 自己的網站都是靠 JavaScript 運作。如果你是程式設計師,想要更進一步鑽研的話,Make:Code 團隊還提供編譯器,以 JS 把使用者寫出的程式碼轉換成開發板所需的格式,不需要再回到伺服器。

AMD21 開發板。雖然這些系統多數仍在 beta 階段,其中 micro:bit 擁有最完整的支援。這塊強大的小板是入門的好選擇。標準的 Arduino Uno 有單一個內建可控制 LED,但 micro:bit 有一個 5×5 LED 矩陣、內建加速計(測量搖晃與移動)、磁力計(羅盤與金屬偵測功能)、兩個按鈕、光與溫度感測器,甚至有低功耗藍牙無線電通訊。這些配備加總起來,不用插上其他元件就能完成許多專題。

　　Make:Code 完整支援這些元件,其中無線電通訊元件更為開發板增添功能,讓兩臺 micro:bit 可以跳過多數藍牙裝置需要的配對程序就互相通訊。Make:Code 和 micro:bit 的組合讓入門變容易,同時提供強大功能。我為了教 200 名沙烏地阿拉伯青少年使用微控制器的課程,挑選平臺時就相中這個組合。

　　入門 Make:Code 和它支援的平臺很簡單,不用下載或驅動程式,也不需要真的做設定。Make:Code 完全在瀏覽器裡執行,所以只要有網路連線就能使用。而且透過內建模擬器,連實際的開發板都不需要。

寫程式

　　現在來測試一下。首先前往

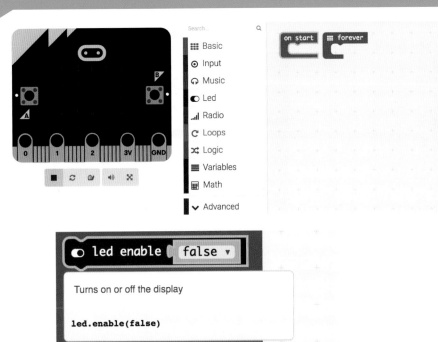

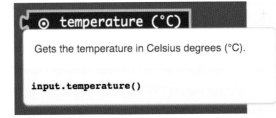

Turns on or off the display

`led.enable(false)`

移動滑鼠游標到區塊上，
就會顯示詳細的功能。

Gets the temperature in Celsius degrees (°C).

`input.temperature()`

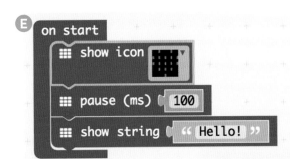

巢狀建構程式碼片段來建
立事件的序列。

每個程式碼函數類別都
提供多種選項，讓你寫
出精細的程式。

Make:Code.com，選取要用的板子。以下都以micro:bit為例。開啟新專題後，簡單的介面會在左邊顯示模擬開發板，中間是指令清單，右邊是包含開頭兩個方塊的程式碼視窗（圖 D）。做過Arduino程式設計的人可能會對開頭這些方塊有印象；Make:Code中「Start」（開始）和「Forever」（永遠）對應的是「Start」和「Loop」（迴圈），這兩個函數是所有應用程式的基礎。「Start」方塊中放入的程式碼會在裝置每次開機、重開機和重設時執行，所以很適合用來加入一次性的程式碼，例如設定馬達初始位置或開啟感測器。「Forever」方塊會在開機後執行，並不斷重複執行，直到裝置關機或重設（這時「Start」會執行，接著是「Forever」）。

要在這兩個方塊新增程式碼只要簡單的拖放動作就能完成。在程式碼視窗和模擬器中間的就是用來打造應用程式的指令，相似的指令會放在同一個群組。對micro:bit而言，指令群組包含「Basic」（基礎）、「Input」（輸入）、「Music」（音樂）、LED、「Radio」（喇叭）、「Loops」（迴圈）、「Logic」（邏輯）、「Variables」（變數）、「Math」（數學）和「Advanced」（進階）（進階就留給你自己探索）。如果在某個群組裡沒找到需要的指令，別忘了點選「more」（更多）按鈕，以及向下捲動選項，因為有的可能在畫面之外。

Make:Code讓我們在micro:bit上輕鬆地多樣化使用LED陣列。不僅能開關個別的LED，還能在矩陣上顯示或捲動完整的字句及圖示，使用者完全不需要建立緩衝或個別控制矩陣中的LED（圖 E）。

堆疊程式方塊

Make:Code的程式方塊會接合、堆疊起來成為應用程式。有些方塊可以從形狀看出來是用來嵌入其他方塊的。我發現的缺點之一是，方塊的形狀有時候太相似，很難看出接合後有沒有問題。希望系統能改成點選方塊或空位時選項只顯示可以搭配的項目，和微軟的專業開發工具做法類似。

每次新增一個方塊或變更一個變數，模擬視窗都會自動更新，顯示程式碼在開發板上的運作情形。我首次使用時就很滿意的是，不僅能看到板子上元件的情形，還看得到連接基本外部元件的方法，讓使用者學習電路接線。未來我期待看到它支援更多感測器和輸出，讓使用者在買硬體元件之前就能用虛擬方式開發完成整個專題。

Make:Code在行動裝置上一樣好用！

編譯完成的應用程式可以下載到電腦，或直接上傳到裝置。Make:Code相容的

裝置在電腦上會以快閃儲存磁碟顯示，也就是不用驅動程式就能使用。裝置本身的程式編寫只需要把網頁下載的「.hex」檔案在插上USB時複製到裝置上。拖、放檔案就完成。裝置接著就會開始執行複製上去的程式碼。

如果要對這個系統提出真正的批評，就是它會讓裝置沒有回應。初學者可能不會注意到，但習慣微控制器即時反應速度的人，就會發現這些讓操作方便的程式碼帶來的負擔，降低了終端裝置的速度。

放眼未來

我很希望微軟能認真投入Make:Code，

持續改進。對於打算入門微控制器的人，尤其是帶領大班級的教育工作者而言，這個系統值得一試，說不定會幫助你訓練出未來的程式設計師。◐

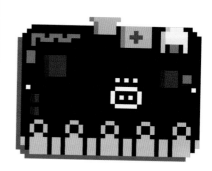

Helpful Hints for

文：艾倫・紐康伯　譯：屠建明

Linux

好用的 Linux 程式設計訣竅

使用這兩個指令行訣竅來
節省時間及排除錯誤

艾倫・紐康伯
Aaron
Newcomb
從1997年就開始使用Linux。曾任職於甲古文和惠普等IT產業公司。他為TWiT直播網共同主持了許多節目，包括FLOSS Weekly、本週Google和The New Screen Savers，並於2012年創立了Benicia Makerspace，目前擔任其總裁兼執行長。

Make:
Linux for Makers

Understanding the Operating System That Runs
Raspberry Pi and Other Maker SBCs
Aaron Newcomb

本文摘錄自艾倫・紐康伯的著作《Linux for Makers》（暫譯：給Maker的Linux教學），於Maker Shed及各大書店皆有販售。

Linux是個經歷過長時間考驗的強大開源作業系統，廣泛用於伺服器和網站的運作，但多數學生和Maker第一次和它接觸的時機，會是用到Raspberry Pi或BeagleBone Black、Intel Galileo等類似的單板電腦專題時。透過更深入瞭解Linux，Maker可以獲得讓專題進展更順利的新技能。

不知道你是否和我一樣，拼字和打字都不是我的強項，好幾次花了二三十秒打一行有很多選項、很長的指令，結果按下Enter才發現中間有錯，必須從頭開始。不只這樣，當有很多選擇時，要記得用來執行特定工作的指令也是難事。幸運的是，Linux的殼層有內建協助處理這兩種問題的工具。

自動完成指令：TAB

按下鍵盤上的Tab鍵就能使用殼層的自動完成功能，自動完成已部份鍵入的指令，並根據鍵入的語境自動完成檔案名稱。

舉例來說，如果輸入「**tou**」並按下Tab鍵，殼層會填入缺少的字母，變成「**touch**」。如果輸入的字母有多種可能的完整字詞，按第一下Tab會沒有反應，再按一下時殼層會顯示以你輸入的字母為開頭的所有可能指令或檔案名稱清單。因此如果輸入「**mkd**」並按兩下Tab，會看到兩個mkd開頭的指令選項：**mkdir**和**mkdosfs**：

```
pi@raspberrypi ~ $ mkd
mkdir mkdosfs
pi@raspberrypi ~ $ mkd
```

如果繼續輸入字元再按下Tab，最後會排除其他選項，而殼層會在只剩一個選項時完成剩餘的指令或檔案名稱。處理較長的指令和檔名時，這個自動完成功能會省下很多時間，同時會在還不常使用某個指令時排除拼字錯誤。

搜尋先前的指令：
UP、CTRL-R

Linux會記錄在指令行輸入的所有東西。瀏覽輸入過的指令有個簡單的方法是使用向上方向鍵，從最近的指令開始捲動。如果要找的指令在比較早期的記錄上，可以在指令行按下「Ctrl-R」，並輸入字元。例如要搜尋上一次用nano來編輯檔案的記錄，就按下「Ctrl-R」，並輸入「**nano**」。

按下Ctrl-R時，即使游標處已經有輸入資訊也沒關係，那段文字不會用來搜尋，

訣竅： 依照預設，Tab不會每次都知道指令的可用選項，但能夠自動完成可能用於指令一部分的指令名稱和任何相關檔案名稱。

只有按下Ctrl-R之後輸入的字元才算。以這種方式搜尋指令記錄時，會發現提示會變成（**reverse-i-search**），後面接你輸入的字母。

```
(reverse-i-search)'nano': nano hello.sh
```

如果按下其中一個方向鍵、Home、End或Tab，就會結束搜尋，讓你編輯搜尋到的指令。你也可以在離開搜尋前按多下Ctrl-R來繼續搜尋記錄。

自己試試看：

輸入以下指令，切換到主目錄並建立檔案：

```
cd
tou <TAB> file1
```

按下Tab後，它會完成**touch**這個指令。接著輸入以下指令來切換到Downloads目錄：

```
cd D <TAB> <TAB>
```

會看到類似以下文字：

```
pi@raspberrypi ~ $ cd D
Desktop/ Documents/Downloads/
pi@raspberrypi ~ $ cd D
```

輸入「**ow**」等字母，並再次按下Tab，自動完成我們要的路徑，接著按下Enter。

現在來用指令記錄建立第二個檔案，按下Ctrl-R，然後輸入「**tou**」：

```
pi@raspberrypi ~ $ cd D
Desktop/        Documents/
Downloads/
pi@raspberrypi ~ $ cd
Downloads/
(reverse-i-search)'tou':
touch file1
```

按下End鍵，並把「**file1**」（檔案1）變更為「**file2**」（檔案2），按下Enter來完成工作。現在已經建立了兩個檔案，一個在主目錄、一個在Downloads目錄。這之間少打了很多字！

Hep Svadja

L-CHEAPO雷射雕刻機

195～595美元 endurancerobots.com

當你有一臺開源的3D印表機會很開心，因為有多種配置跟升級的選擇。最受歡迎的選項是升級你的工具頭；不過，如果你可以換成雷射頭，又何苦堅持要用擠出頭呢？L-Cheapo雷射雕刻機套件提供2.1W～8W的選擇，可以加裝於任何開源的3D印表機與CNC工具機上。這一個雷射二極體的系統受益於藍光播放器為高功率固態雷射帶來的低價影響，而受到歡迎。雖然不像真正的雷射切割機那麼有力，但是L-Cheapo的產品在輕量型的作業上，像是蝕刻跟裁切輕薄材料上，有不錯的成效。我試過在3D印表機上使用Cheapo的產品，但是仍期望能將它裝到大臺的CNC工具機上，並操作大規模的蝕刻工作。

操作的時候要小心，套件附有護目鏡，而這也是唯一一個安全裝置。要謹記雷射的強度足以使眼睛失明，方向沒瞄準也容易引起火災。使用時務必戴上護目鏡，並確保周邊有滅火器。

這機器的名稱或許代表其建造品質高於它的價格。2.1W的要價將近200美元，我期望看到比現在L-Cheapo所能提供的更高的製造品質。不過，如果想為你的G-code操作工具加上雷射功能，L-Cheapo還是個不錯的選擇。

——麥特・史特爾茲

Endurance

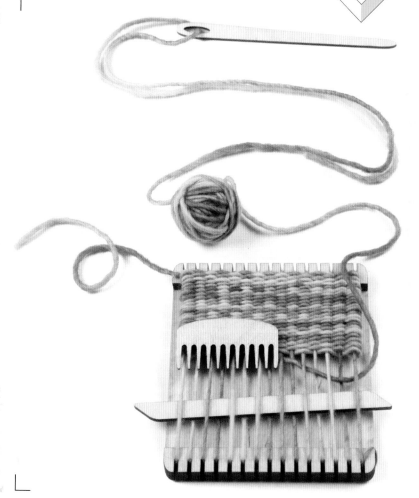

PURL & LOOP LOOMS編織器
20～110美元 purlandloop.com

Purl & Loop編織機不但操作簡單、方便攜帶，而且就是好玩，完全能夠引起你的編織魂。最棒的地方是什麼呢？就是不管你的程度如何，是初學者還是老練的編織高手，都能輕鬆上手。

這個小型編織器跟套件的價格從20到110美元不等。尺寸跟類型包羅萬象，有小型的花樣測試板、手環編織器，也有餐墊大小的成品。「德州製造（Maker-Made in Texas）」套件包含你完成作品所需的工具——有些附有挑針、隨身袋，或是最後完工需要的縫針，並包含簡單卻非常完整的步驟說明書。

我在嘗試其中三個套件的時候玩得很開心：一分鐘完工（Minute Weaver Set）、迷你針織組附微型剪刀（Wee Weaver Kit with Micro Snips），以及手環編織初學者套組（Stash Blaster Bracelet Loom Starter Package）。

每個做起來都很有趣，能簡單、快速的組合。還有一個額外的優點，就是可將小型的編織器用來做為大型作品的起始點。何不試著將一組花樣測試板變成長桌巾、托特包，或是蓋毯？

——曼蒂・L・史特爾茲

MAKER MUSCLE
99美元 Kickstarter基礎套件大獎 makermuscle.com

讓物體進行圓周運動很簡單，但要轉換成線性運動就需要一些技巧。為協助Maker打造出理想中的作品，來自3D印表機廠商Deezmaker的迪亞哥・波切拉斯（Diego Porqueras）打造了Maker Muscle，一臺易於使用的線性致動器。它主要的動力來自於3D印表機中常用到的步進馬達。這也表示你可以用一些經濟實惠且易於入手的電子裝置來操控這個致動器。

每件Maker Muscle都是鋁擠製品，而且四面都有連接通道，提供許多安裝選項。我深受這個組件所能連接上的諸多潛在專題啟發——包括許多萬聖節道具、機器人以及家庭自動化建設，這些在不久的將來都會為Maker Muscle帶來很好的發展！

——MS

EIGHTBYEIGHT BLINKY

45美元 blinkinlabs.com

我們看過各式各樣的RGB LED網格,但是 EightByEight的組合因自有的特色與風格而脫穎而出。在灣區 Maker Faire上,我看到暗房中的一張桌子,就知道一定要帶《MAKE》的編輯卡里布‧卡夫特(Caleb Kraft)去看一看。EightByEight是一個8×8的LED網格,內建控制器、Wi-Fi、充電電池跟一個加速度感測器。

對卡里布來說,這產品的賣點是簡單的程式設計介面。Blinkinlabs團隊已經打造出拖放式的配置工具,讓你能繪製圖案與動畫——甚至可以放入點陣圖並傳到板子上。

安裝孔跟拉繩的組合讓它可以輕易地掛在脖子上,將你的掛牌套用在EightByEight上,並在Maker Faire中亂逛,肯定會吸引到一些注意。

——MS

MACCHINA M2

89美元 macchina.cc

想要駭入你的車嗎?Macchina M2基本上是一個可編程、相容於Arduino的微控制器板,附有OBD2介面,可與汽車的CAN bus系統連結。想要取得你的車所有通訊內容?簡單得很。想要將它安裝到你客製化的儀表板或是數據紀錄中?沒有問題!想要設置專屬的燃油表?應該可行。全自動化?也許……如果你嘗試了,千萬要讓我們知道!

在測試中,我們藉由啟動危險警告燈查看基本Arduino blink草稿碼能傳送的最遠距離,然後考慮將同樣的結果套用在油門控制上,但是最好要考慮後果。用Macchina駭入交通工具,跟駭入微控制器比起來,並不是個簡單直接的工程。CAN bus已經是一個標準化的介面,但不是一種程式語言。不過也不用煩惱,網路上有很多開源工具,例如GVRET(交通工具通用反向工程工具),以及SavvyCAN,這是一個軟體工具,能協助分析並編譯汽車所接收到的訊息。一旦找到所要的程式碼,你可以輕易地將它們傳送回去,而且Macchina網站上有大量的教學影片可以不斷學習。

——泰勒‧溫嘉納

KANO PIXEL套件

80美元 kano.me

如果身邊有個對什麼都感興趣的小朋友,想要了解電子,那麼Kano Pixel套件是個很好的工具,能介紹軟體跟硬體的基礎。

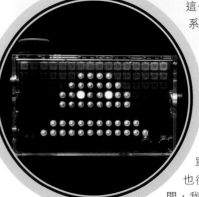

這個直覺、拼圖式的程式設計系統是用來教導如何寫程式,一旦你精通之後,就可發現背後是以JavaScript運作。教學過程是以遊戲化的挑戰樹教導如何使用感測器,像是以加速器跟麥克風來啟動事件,而且也可以用Kano App創造簡單的動畫。這個Pixel套件也很適合成人,花不了多久時間,我就可以設計出一個簡單的滾動字幕腳本,同時還有音效裝置,提醒辦公室的人在我們直播期間保持安靜。小朋友也可以跟朋友分享腳本跟動畫,而且還有許多外加附件即將發行,例如照相機跟運動感測器的套件。

——赫普‧斯瓦迪雅

BUILDTAK 可彎底板平臺

40～190美元 buildtak.com

BuildTak 對 3D 列印的愛好者來說是打造作品的首選。如果硬要抱怨，雖然運作很順暢，但是有時候會很難把成品從平臺上拿下來。為簡化這樣的流程，BuildTak 推出可彎底板平臺（FlexPlate system）。可彎底板的材質是彈簧鋼，將另一個磁性的底板貼在基座上，以此固定位置。將這個彈簧鋼底板放到 BuildTak 印表機上，完工之後拿出底板，稍微彎折一下，作品就可以輕易脫離。

我在幾臺印表機上使用這個底板，非常愛用它們。我建議準備額外的底板，這樣就可以相互替換，這中間會停機幾秒鐘。BuildTak 並不是第一個推出這類產品的廠商，但是它們的安裝方式是我們看過最好的。如果你是個 3D 列印專家，抽取式的底板是走向自動化的第一步，而且可彎底板平臺能輕易地加裝到現有機器上。

——MS

光圈計算機

每月5美元，或是年費35美元 iris-calculator.com

去年我瘋狂沉浸在為前門製作機械式的虹膜窺視孔。在這一或兩個月的製作過程中，我學了很多，也打造出一個原型。設計期間，我發現麥特・阿諾德（Matt Arnold）的光圈計算機——這是一個

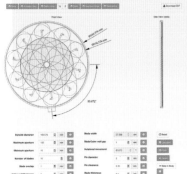

神奇的工具，完全就是為了我的作品量身打造。從無到有設計出光圈並不會超級複雜，但也不會特別有趣。不過光圈計算機可以消除那些讓人痛苦的點。我可以替換主要的設計選項，像是立即變換葉片的數量或是寬度，進而產生新的設計，這協助我節省了很多時間。

輸入想要的單位數字，光圈計算機就會產生一個 DXF 檔案，讓我能夠將檔案匯入 CAD，即可推算出設計結果。歸根究底，這個軟體的費用跟我可能因為重新設計、嘗試不同的幾何圖案所消耗的時間相比，根本不算什麼。如果你想要製作自己的機械光圈，我極力推薦這個軟體。唯一需要提醒的是，它目前只有一種光圈款式，但是阿諾德已經計劃發展新功能的應用程式。

——卡里布・卡夫特

BOOKS

保存美味：

罐頭加工、發酵以及脫水工法的藝術與科學（暫譯）

作者：
克莉絲緹娜・沃爾德
25美元
processmediainc.com

克莉絲緹娜・沃爾德不單單是位食物保存大師，她天生就擁有龐克搖滾、中西部社會主義，以及 DIY 的態度。我提醒過她，我沒有多少時間閱讀她寫的書，但結果不論怎樣，我還是閱讀完整本書，因為實在太有趣了。這是一本關於食品狂熱者的物理學、化學跟歷史，構思巧妙的傑作，並提供一些簡單迅速的作法，像是利用糖、鹽、酸性物質、加熱、加壓、微生物、脫水，以及煙燻。沃爾德分享並解釋為什麼這些方法可以成功，並附上幾百頁的食譜：果醬與派的內餡、各式各樣的醃漬品、酸辣醬跟開胃小菜，醬料從番茄醬、哈瓦那辣醬到阿根廷青醬，另外還有發酵的德國酸菜、泡菜、康普茶跟淡啤酒；書中甚至涵蓋弱酸度的食品，像是肉類、蔬菜、豆類跟湯品。這本書值得所有熱愛 DIY 的人放在廚房中，你會常常使用到，而且變得更聰明、更能安全地烹飪，廚藝也會愈來愈好。

——凱斯・哈蒙德

發明家的完全指導手冊：

將你的創意變成炙手可熱的熱銷商品（暫譯）

作者：尚・麥可・雷根
29美元
weldonowen.com

《發明家的完全指導手冊》為曾經想過製造或銷售自己製作東西的朋友一些方法。你有什麼點子嗎？或是需要產生一些創意？還是你正試著製作產品？需要一些建議來了解如何銷售到全世界嗎？這本書能為你指引正確的方向，而且展示需要做的事情。

我不喜歡稱呼這是一本參考書，因為讀起來不像。書中的繪圖令人驚艷，寫作方式也讓讀者持續保持興趣。同時利用歷史軼事跟令人啟發的故事，以不著痕跡的方式帶出應學的課題。

如果你還沒有製作或銷售產品，這本書會成為很實用的工具書。即使你已經製作或販售，還是可以從中習得一些精華。

——史都華・德治

E3 CNC ROUTER KIT
這臺物美價廉的 DIY 工具功能一點也不輸人

文：克里斯・耶埃 譯：花神

這一款 Bob's CNC 出品的木料裁切套件讓初學者的進入門檻降低許多，不但價錢降低，配備還升級！只要不到600美元，就可以買到一臺桌上型雕刻機，還有其他你需要的所有零件，包含兩個夾頭（1/8"和1/4"各一）、有螺紋的工作平臺，還有固定夾鉗。

雕刻機組裝

Bob's CNC 有提供組裝步驟說明書，這大概要花上一個週末，如果之前沒有相關經驗的話，可能要花點時間研究一下（膠帶是你的好朋友）。大部分的結構都是對稱的，所以不太需要擔心什麼擺反的問題。

套件提供了足夠的包線管來整理電線，此外，也提供了線路連接方式的建議，避免一些常遇到的問題，例如因為線路干擾而不小心觸動限位開關。你會需要將雕刻機連接上電腦，不過因為軟體支援任一作業系統，所以接上 Raspberry Pi 也沒有問題。

推薦使用的軟體都是常見的開源軟體。F-Engrave 搭配的使用說明能讓你很快上手並開始進行切割，再找一些相關的說明指南，就可將軟體變更為適用於機器的設定。Universal G-Code Sender 的設定也很快，不過可能需要習慣一下，經歷過幾次歸位與歸零校正的問題之後，就會駕輕就熟了。

技術支援

Bob's CNC 網站上定期公告教學文件，不過對於初學者來說，可能需要其他的支援，過程中才不會感到太挫折，並可以安全地加快腳步。他們推薦的軟體很適合圖案雕刻（甚至鑲嵌），但還是有些不足。使用者也可以考慮使用 Easel 來產生 G-code。

調整過速度和進料之後結果還不錯，不過我們需要保守一些。機器的木造結構比我們想像中的堅固，但如果進料太急，還是會歪掉，成品也會有些變形，所以我們後來都選用比較柔軟的素材。這本來就是一種取捨——而且我們也因此省了一點錢。

價格很棒

如果想要容易使用、價格又親民的CNC雕刻機，這一臺絕對是個好選擇。我們很期待可以看到更多說明文件，也希望可以測試這臺機器的極限！這樣的價格就可以買到這樣的機器，看起來是該捲起衣袖，動手做專題的時候囉！ ◢

■**基本價格**
588美元

■**測試時價格**
588美元

■**基本價格包含之配件**
1/8"銑刀、螺紋工作平臺、DeWalt DW660雕刻機、1/4"與1/8"夾頭、工件夾鉗

■**測試額外配件**
無

■**工作尺寸**
450×380×85mm
（17.7"×15.3"×3.3"）

■**可處理材質**
木頭

■**離線作業？**
無

■**機上控制？**
雕刻機上有開關，但沒有緊急停止按鈕

■**設計軟體**
F-Engrave

■**裁切軟體**
UGS（Universal G-Code Sender）

■**作業系統**
Windows、Mac、Linux

■**韌體**
Grbl

■**開源軟體？**
是（F-Engrave用的是FOSS，UGS用的是GPLv3）

■**開源硬體？**
否（客製化設計硬體，使用開源的CNC擴充板和Arduino）

bobscnc.com

專家建議

1.要買銑刀的話，可以去Amazon或是一般通路找，可以試著從60°V型槽銑刀或平銑刀來試試看。

2.別忘了：《Getting Started with CNC》（makershed.com/products/make-getting-started-with-cnc-1）這本書可以幫上大忙。

3.開始的時候慢慢來，記得幫自己準備聽力防護措施！

購買理由

如果你一直想要試試看看CNC雕刻，卻因為價格而裹足不前，那麼Bob's CNC會是一個好選擇。

克里斯・耶埃 Chris Yohe
白天是一位軟體工程師，晚上則搖身一變成為硬體駭客。他是3DPPGH 3D列印聚會的主要成員、HackPittsburgh（駭客匹茲堡）的成員之一，也是個活躍的3D列印狂熱者。從橄欖球、到球賽前的野餐聚會，到3D列印，克里斯一直希望可以找到一個方法，讓世界變得更美好，或者，至少讓世界變得更有趣吧！

Hep Svadja

SHOW&TELL

這些讓人驚豔的作品都來自像你一樣富有創意的Maker

做東西的樂趣有一半是來自秀出自己的作品。看看這些在instagram上的Maker，你也@makemagazine秀一下作品的照片吧！

文：蘇菲亞・史密斯
譯：花神

① 麥・布朗特（Michael Blunt）幫他的狗狗打造了這個水滴型拖車。他也在Etsy網站販售這個拖車，並且在makezine.com/go/puppy-camper跟大家分享這個專題的做法。

② Instructables使用者史蒂芬・泰勒（Stephen Taylor）（@buck2217）用2×4的木材蓋了一座「冰屋」，讓他家的山羊可以在上面玩耍。

③ Imgur使用者beatdownllama水族箱裡頭的魚兒在霍斯基地（中文譯註：電影星際大戰中反抗軍的基地，被冰雪覆蓋）和雪地戰機共同悠遊，怡然自得。

④ 茱利安・諾斯亞普（Jillian Northrup）的貓咪通道裝置跟她天花板的形狀超搭。

⑤ 小狗洛基（Rocky）對於Imgur使用者iwanebe為他打造的熱帶風居所十分滿意。

⑥ 有了Twisted Tree寵物傢俱（@twistedtreepet）出品的企業號貓窩，相信貓咪一定會「健康長壽，繁榮昌盛」（Live long and prosper.）（中文譯註：《星艦迷航記》中瓦肯人的著名祝詞）。

⑦ 麥特・麥基韋雷（Matt Macgillivray）家的毛小孩可以用這個水上狗屋享受別具風格的港口生活。

⑧ Catastrophi Creations Etsy網站經營者梅根（Megan）和麥克（Mike）提供的復古電視貓床，可以將你家貓咪傳送回1950年代。

⑨ Homemade Modern的班・尤業達（Ben Uyeda）製作了這個充滿時尚感的簡約幾何形狀狗屋，並在makezine.com/go/geometric-doghouse網頁上分享了他的專題。